石油化工设备技术问答丛书

设备状态监测及故障诊断技术问答

钱广华　屈世栋　编著

中国石化出版社

内 容 提 要

本书采用问答形式，详细介绍了关键机组设备状态监测及故障诊断技术等基本知识，并根据作者在设备维护检修方面积累的经验，从振动与测试的概念、常用振动信号的分析、不同类型故障诊断、润滑监测及以可靠性为中心的维修(RCM)的作用等方面提出了参考方法，更利于为关键机组在使用、维护方面提供帮助。

本书特为石油化工行业从事大型转动设备运行管理和维护检修的技术人员和操作工而写，对于从事设备管理和制造人员也有一定的参考价值。

本书可以作为大型转动设备技术人员、操作工及保全工的参考书或工具书，具有简单、易懂、实用的特点。

图书在版编目(CIP)数据

设备状态监测及故障诊断技术问答/钱广华，屈世栋编著. —北京：中国石化出版社，2012.1(2021.9 重印)
(石油化工设备技术问答丛书)
ISBN 978-7-5114-1251-5

Ⅰ.①设… Ⅱ.①钱… ②屈… Ⅲ.①石油炼制-机械设备-设备状态监测-问题解答 ②石油炼制-机械设备-故障诊断-问题解答 Ⅳ.①TE96-44

中国版本图书馆 CIP 数据核字(2011)第 224551 号

中国石化出版社出版发行
地址:北京市东城区安定门外大街 58 号
邮编:100011　电话:(010)57512500
发行部电话:(010)57512575
http://www.sinopec-press.com
E-mail:press@sinopec.com
北京中石油彩色印刷有限责任公司印刷
全国各地新华书店经销

*

787×1092 毫米 32 开本 3.375 印张 69 千字
2021 年 9 月第 1 版第 2 次印刷
定价：12.00 元

序

设备是企业进行生产的物质技术基础。现代化的石油化工企业，生产连续性强、自动化水平高，且具有高温、高压、易燃、易爆、易腐蚀、易中毒的特点。设备一旦发生问题，会带来一系列严重的后果，往往会导致装置停产、环境污染、火灾爆炸、人身伤亡等重大事故的发生。因而石油化工厂的设备更体现了设备是企业进行生产、发展的重要物质基础。“基础不牢、地动山摇”。设备状况的好坏、直接影响着石油化工企业生产装置的安全、稳定、长周期运行，从而也影响着企业的经济效益。

确保石油化工厂设备经常处于良好的状况，就必须强化设备管理，广泛应用先进技术，不断提高检修质量，搞好设备的操作和维护，及时消除设备隐患，排除故障，提高设备的可靠度，从而确保生产装置的安全、稳定、长周期运行。

为了加强企业“三基”工作，适应广大石油化工设备管理、操作及维护检修人员了解设备，熟悉设备，懂得设备的结构、性能、作用及可能发生的故障和预防措施，以提高消除隐患、排除故障、搞好操作和日常维护能力的需要，中国石化出版社针对石油化工厂常见的各类设备，诸如，各类泵、压缩机、风机及驱动机、各类工业炉、塔、反应器、压力容器，各类储罐、换热设备，以及各类工业管线、阀门管件等等，组织长期工作在石油化工企业基层，有一定设备理论知识和实践经验的专家和专业技术人员，以设备技术问答的形式，编写了一系列“石油化工设备技术问答丛书”，供大家学习和阅读，希望对广大读者有所帮助。本书即为这套丛书之一。

中国石化设备管理协会副会长　胡安定

目　录

第一章　振动与测试的基本概念

1. 振动的基本概念是什么? …………………………………… (1)
2. 振动有哪几个基本参量? …………………………………… (1)
3. 振动分析及故障诊断中振幅是如何表示的? ………………… (1)
4. 振动频率的概念是什么? …………………………………… (2)
5. 振动信号中相位的概念是什么? …………………………… (2)
6. 什么是径向振动、水平振动、垂直振动、轴向振动? ……… (3)
7. 振动位移、速度和加速度的相位差别是多少?……………… (3)
8. 轴位移(轴向位置)的定义是什么? ………………………… (3)
9. 为什么对轴位移进行在线状态监测和故障诊断
分析很有必要? ………………………………………………… (3)
10. 轴心位置的定义是什么? …………………………………… (4)
11. 机组差胀、机壳膨胀的概念是什么? ……………………… (4)
12. 为什么要对轴承回油温度及瓦块温度进行监测? ………… (4)
13. 什么是慢转偏心距? 如何测量? ………………………… (4)
14. 测振传感器的种类及其优缺点是什么? …………………… (5)
15. 压电式加速度传感器的工作原理和优点是什么? ………… (6)
16. 电涡流式速度传感器的安装应注意什么问题? …………… (6)
17. 如何判断涡流传感器输出信号的可靠性? ………………… (7)
18. 如何获取相位脉冲信号? …………………………………… (8)
19. 什么是同步振动与亚同步振动? …………………………… (8)
20. 亚同步振动有哪些特点? …………………………………… (9)

21. 振动频谱的谱线数需要多少？ …………………………………… (9)
22. 使用动圈式速度传感器和压电晶体加速度型传感器测试的振动频谱、波形有差异吗？ …………………………………… (9)

第二章　常用的振动信号分析方法

1. 为什么振动分析法是最主要的旋转设备故障分析方法？ …… (11)
2. 时域分析的局限性是什么？ …………………………………… (11)
3. 采样定理的具体内容是什么？ ……………………………… (12)
4. 旋转机械信号采集的基本问题是什么？ …………………… (12)
5. 在旋转机械振动信号分析的基本手段是什么？ …………… (13)
6. 振动信号如何实现从时域到频域的转换？ ………………… (13)
7. 设备振动的基本特征频率是如何计算的？ ………………… (13)
8. 旋转机械状态监测及故障诊断中常用哪些分析图谱？ ……… (14)
9. 什么是波德图？从波德图中可以得到哪些信息？ ………… (14)
10. 什么是极坐标图？从极坐标图中可以得到哪些信息？ …… (15)
11. 什么是频谱瀑布图？ ………………………………………… (16)
12. 什么是极联图？ ……………………………………………… (17)
13. 什么是轴心位置图？ ………………………………………… (17)
14. 什么是轴心轨迹图？ ………………………………………… (18)
15. 什么是振动趋势图？ ………………………………………… (19)
16. 什么是波形频谱？ …………………………………………… (20)

第三章　旋转设备的故障诊断

1. 故障和故障诊断的含义是什么？ …………………………… (22)
2. 故障诊断的目的是什么？ …………………………………… (22)
3. 故障诊断的任务主要包括哪几个方面？ …………………… (23)
4. 旋转设备主要是指哪些设备？ ……………………………… (23)

5. 压缩机从工作方式上可分为几大类？ …………………… (23)
6. 旋转机械的主要部件和其振动的特殊性是什么？ …………… (23)
7. 在离心压缩机整个服役期内，设备运行维护一般
有哪些规律性？ ………………………………………………… (24)
8. 对在不同的运行期间的离心压缩机采取哪些不同
的措施，保证机组的稳定运行？ ……………………………… (24)
9. 哪些设计制造的原因会引起旋转机械发生故障？ ………… (25)
10. 哪些安装维修的原因会引起旋转机械发生故障？ ……… (25)
11. 哪些运行操作的原因会引起旋转机械发生故障？ ……… (26)
12. 状态维修的特点和目标是什么？ ………………………… (26)
13. 设备状态点检监测的流程是什么？ ……………………… (27)
14. 旋转设备分类的一般原则是什么？ ……………………… (27)
15. 进行设备状态监测及故障诊断需要设备的哪些基本资料？ …… (28)
16. 如何确定旋转设备状态监测的测点位置？ ……………… (28)
17. 设备监测周期的确定应该遵循什么原则？ ……………… (29)
18. 如何确定转子的临界转速？ ……………………………… (30)
19. 刚性转子和柔性转子的概念和划分依据是什么？ ……… (30)
20. 旋转设备有哪些典型故障？ ……………………………… (31)
21. 转子不平衡的诊断方法和注意事项是什么？ …………… (31)
22. 转子弯曲的种类和振动机理是什么？ …………………… (32)
23. 转子弓形弯曲(永久性弯曲)的原因是什么？ …………… (32)
24. 转子弓形弯曲(永久性弯曲)的振动特征是什么？ ……… (32)
25. 转子临时弯曲的原因及振动特性是什么？ ……………… (33)
26. 转子不对中有哪些形式？ ………………………………… (33)
27. 产生转子不对中的原因是什么？ ………………………… (34)
28. 转子不对中故障的特征是什么？ ………………………… (34)
29. 转子不对中故障识别的注意事项是什么？ ……………… (35)
30. 油膜涡动和油膜振荡的原因是什么？ …………………… (35)
31. 转子发生油膜振荡时一般具有哪些特征？ ……………… (37)
32. 蒸汽激振产生的原因是什么？ …………………………… (38)

33. 什么是旋转失速与喘振？ …………………………………… (38)
34. 如何识别旋转失速与喘振？ ………………………………… (39)
35. 机械松动的类型和振动信号的特征是什么？ ……………… (40)
36. 转子断叶片、零部件或垢层脱落的故障机理与
特征是什么？ ………………………………………………… (41)
37. 当旋转机械发生动、静部分碰摩时具有哪些故障特征？ … (42)
38. 转子裂纹产生的原因和振动信号的特征是什么？ ………… (44)
39. 在振动信号出现机械偏差和电气偏差的原因是什么？
如何检验这两种偏差？ ……………………………………… (45)
40. 大型旋转机械监测与故障诊断系统分类和组成是什么？ … (46)
41. 在线监测系统的软件由几部分组成？ ……………………… (46)
42. 在线与离线监测诊断系统的异同点是什么？ ……………… (47)
43. 应该采用何种单位评定设备振动是否超标？ ……………… (48)
44. 为什么使用普通的手持简易振动表测试低速的循环水
泵时，不管是否有故障存在，振动值总值很小？对于
低速机器在测试时应该注意那些方面？ …………………… (48)
45. 振动测试能否反映出电机的电气问题？电动机单转正常，
和风机或者水泵连接之后振动大是否说明就是风机、
水泵有问题？ ………………………………………………… (48)
46. 过程参数，例如功率、真空等，和振动相关吗？应该
考虑哪些过程参数的影响？ ………………………………… (49)

第四章　滚动轴承故障诊断

1. 滚动轴承故障诊断的主要有哪些方法？ ……………………… (50)
2. 引起滚动轴承故障的主要原因是什么？ ……………………… (51)
3. 滚动轴承主要的故障形式有哪些？ …………………………… (51)
4. 滚动轴承故障诊断的方法有哪些？ …………………………… (53)
5. 在滚动轴承的故障诊断中如何进行分析谱带的选择？ ……… (54)

6. 在滚动轴承的监测中，如何选择测点？ …………………… (55)
7. 滚动轴承的简易诊断方法有哪些？ …………………………… (55)
8. 为什么电机的滚动轴承已经严重损坏，而瓦振位移或者速度值仍然很小？应该采用什么方法来早期发现滚动轴承的损坏？ ………………………………………………… (57)
9. 什么是冲击脉冲？ …………………………………………… (57)
10. 冲击脉冲值与滚动轴承状态的关系是什么？ ……………… (58)
11. 冲击脉冲对轴承寿命的定义是什么？冲击脉冲评定参数的含义是什么？ …………………………………… (58)

第五章　齿轮箱故障诊断

1. 齿轮有哪些失效形式？ ……………………………………… (60)
2. 什么是齿轮的啮合频率？ …………………………………… (62)
3. 齿轮振动的特征频率边频带是如何产生的？ ……………… (62)
4. 齿轮的故障分析方法有哪些？ ……………………………… (63)
5. 齿轮磨损故障的频谱特征是什么？ ………………………… (65)
6. 齿轮偏心和齿隙游移故障的频谱特征是什么？ …………… (65)
7. 齿轮不对中故障的频谱特征是什么？ ……………………… (65)
8. 齿轮断裂故障的频谱特征是什么？ ………………………… (66)
9. 齿轮故障与轴承故障的差异是什么？ ……………………… (66)

第六章　振 动 标 准

1. 振动标准是如何分类的？ …………………………………… (67)
2. 什么是振动的相对标准？ …………………………………… (67)
3. 什么是振动的绝对标准？ …………………………………… (68)
4. 旋转设备的振动判断标准有哪几种？ ……………………… (68)
5. 旋转机械特定机种专用标准是指什么？ …………………… (69)

第七章　往复式压缩机的监测及故障诊断

1. 往复机械诊断的主要难点是什么? ……………………………… (70)
2. 往复式压缩机的常见故障有哪些? ……………………………… (70)
3. 往复机械状态监测及故障诊断需监测的参数有哪些? ……… (71)

第八章　润滑油监测分析

1. 什么是润滑监测? 其意义是什么? ……………………………… (72)
2. 润滑油分析一般有哪几个步骤? ………………………………… (72)
3. 为什么润滑油分析法也是旋转设备故障诊断中的
一个重要手段? ……………………………………………………… (74)
4. 什么是润滑油光谱分析法? ……………………………………… (74)
5. 什么是铁谱分析技术? …………………………………………… (75)
6. 铁谱技术对磨粒的识别与分析主要有几种方式? …………… (76)
7. 铁谱技术的主要工作流程包括几个方面? …………………… (76)
8. 实现铁谱技术的基本设备主要有哪些? ……………………… (76)
9. 铁谱技术分析机器磨损状态的工作内容是什么? …………… (76)
10. 铁谱技术的特点是什么? ………………………………………… (77)
11. 铁谱分析技术的缺点是什么? …………………………………… (77)
12. 什么是润滑油铁谱的定性分析? ………………………………… (78)
13. 进行润滑油分析样品取样的基本原则是什么? ……………… (78)
14. 根据不同的金属零件，磨损颗粒按其产生的
方式可分几类? ……………………………………………………… (78)
15. 什么是铁谱的定量分析? 其理论依据是什么? ……………… (80)
16. 什么是密度计法? ………………………………………………… (80)
17. 什么是磨损烈度指数? …………………………………………… (80)
18. 齿轮传动按运动寿命可分为几个磨损阶段? 如何识别不同的

磨损阶段和类型？ …………………………………………………… (81)
19. 如何利用铁谱监测滚动轴承和滑动轴承的磨损？ ………… (82)

第九章 以可靠性为中心的维修(RCM)

1. 传统的维护和维修策略经历了几个发展阶段？ ……………… (83)
2. 什么是以可靠性为中心的维修(RCM)？ ……………………… (83)
3. 为什么说 RCM 技术可以有效地提高装置的运行可靠性并
降低维修成本？ ………………………………………………… (84)
4. RCM 理论的七个基本要素是什么？ ………………………… (84)
5. RCM 分析中资产的功能及其性能标准是什么？ …………… (85)
6. 什么是功能失效？ ……………………………………………… (86)
7. 功能失效的原因有哪些？ ……………………………………… (86)
8. 什么是故障影响？ ……………………………………………… (87)
9. RCM 分析中故障后果有几类？ ……………………………… (87)
10. 如何预测或预防每一个故障？ ……………………………… (88)
11. 如果找不到一个合适的主动维护措施，该采取什么被动
维护措施？ …………………………………………………… (89)
12. 实施 RCM 分析的主要工作步骤有哪些？ ………………… (90)
13. 项目开工会要完成哪些工作？ ……………………………… (90)
14. 进行 RCM 分析需要收集哪些数据资料？ ………………… (90)
15. 通常 RCM 分析从几个方面着手明确具体分析对象？ …… (91)
16. 筛选分析及工艺访谈的目的是什么？ ……………………… (91)
17. 筛选分析的过程是什么？ …………………………………… (92)
18. 详细的 RCM 分析主要是指哪些内容？ …………………… (92)
19. 什么是关键性分析？ ………………………………………… (93)
20. 什么是失效模式影响分析？ ………………………………… (93)
21. RCM 分析中如何进行维护策略与任务的制定？ ………… (94)
参考文献 ……………………………………………………… (95)

第一章　振动与测试的基本概念

1. 振动的基本概念是什么？

机械振动是指物体围绕其平衡位置附近来回摆动并随时间变化的一种运动。机械振动通常以其幅值、周期(频率)和相位来描述。

2. 振动有哪几个基本参量？

振动的基本参量有振幅、频率(周期)和相位。构成一个确定性振动有3个基本要素，即使在非确定性振动中，有时也包含有确定性振动。振幅、频率、相位，这是振动诊断中经常用到的三个最基本的概念。

3. 振动分析及故障诊断中振幅是如何表示的？

幅值：表示物体动态运动或振动的幅度，它是机械振动强度的标志，也是机器振动严重程度的一个重要指标。机器运转状态的好坏绝大多数情况是根据振动幅值的大小来判别的。振幅的大小可表示为峰-峰值(P-P)、单峰值(0-P)、有效值(RMS)或平均值(Average)，如图1-1所示。一般情

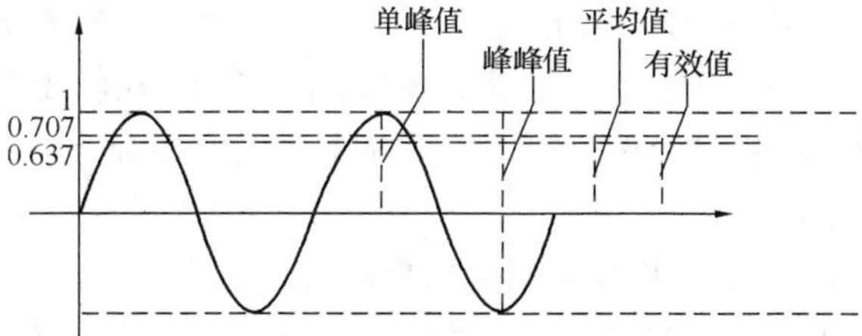

图1-1　振幅的表示方法

况下，位移振幅通常用峰－峰值(P－P)表示；速度振幅通常用有效值(振动烈度)V_{rms}来表示；加速度振幅通常用峰值表示。

它们之间的换算关系是：

$$峰峰值=2\times 单峰值=2\times 2^{1/2}\times 有效值$$

表述振动幅值的大小通常采用振动的位移、速度或加速度值为度量单位。一般在振动测量中，除特别注明外，振动位移(D)以峰－峰值表示，单位一般是微米(μm)或密耳(mil)；振动速度(V)常用有效值表示，单位用毫米/秒(mm/s)或英寸/秒(in/s)。振动速度的有效值又称为“振动烈度”。有的行业的设备振动标准就是以“振动烈度”来作为基础的。振动加速度(A)积分一次即为振动速度；而振动速度再积分一次就成了振动位移。

即：$$V=2\pi fD;\ A=2\pi fV=(2\pi f)2D$$

以上仅仅是对简谐振动而言是正确的，因其频率f值为一常数；而对于一个复杂振动或波形来说，由于其振动频率f值的多重性而会带来误差。

4. 振动频率的概念是什么?

频率是振动特性的标志，是分析振动原因的重要依据，频率是指振动物体在单位时间(1s)内所产生振动的次数，即Hz，以f_0表示。很显然，$f_0=1/T_0$。对于旋转机械的振动来说，存在下述令人感兴趣的频率：①转动轴的旋转频率；②各种振动分量的频率；③机器自身和基础或其它附着物的固有频率。

5. 振动信号中相位的概念是什么?

振动信号的相位，表示振动质点的相对位置。不同振动源产生的振动信号都有各自的相位。相位相同的振动，会引起合拍共振，产生严重的后果；相位相反的振动产生互相抵消的作用，起到减振的效果。由几个谐波分量叠加而成的复杂波形，即使各谐波分量的振幅不变，仅改变相位角，也会使波形发生很大变化，甚至变得面目全非。

相位的测量对于确定转子上的高点、转子的临界转速以及诊断故障和进行动平衡等都是重要的。

6. 什么是径向振动、水平振动、垂直振动、轴向振动？

径向振动是指垂直于机器转轴中心线方向的振功。径向振动有时也称为横向振动。水平振动是指与水平方向一致的径向振动。垂直振动是指与垂直方向一致的径向振动。轴向振动是指与转轴中心线同一方向的振动。

7. 振动位移、速度和加速度的相位差别是多少？

位移、速度和加速度信号之间的相位各自相差 90°。速度信号相位比位移信号相位小 90°，加速度信号相位比速度信号相位小 90°。

8. 轴位移(轴向位置)的定义是什么？

轴向位置是止推盘和止推轴承之间的相对位移。例如：转子动静部件之间的轴向摩擦、喘振等都会引起轴向位置的变化。

9. 为什么对轴位移进行在线状态监测和故障诊断分析很有必要？

在某些非正常的情况下，大型旋转机械的转子会因轴向力过大而产生较大的轴向位移，严重时会引起推力轴承磨损，进而引起叶轮与汽缸隔板摩擦碰撞；大型汽轮机在启动和停车过程中，也会因转子与缸体受热和冷却不均而产生差胀，严重时会发生轴向动静摩擦。尽管轴位移故障的概率不是很高，但也常有发生，特别是一旦发生后对设备造成的损坏往往是灾难性的。所以，对轴位移进行在线状态监测和故障诊断分析很有必要。

10. 轴心位置的定义是什么？

轴心位置是描述安装在轴承中的转轴平均位置的特征参量。例如：轴承座磨损→轴颈偏心。涡流传感器的直流分量表示轴心位置的变化。

11. 机组差胀、机壳膨胀的概念是什么？

对大型旋转机械，由于转子较长，在起动过程中转子受热快，沿轴向膨胀量比汽缸大，两者的热膨胀差称为“差胀”。

转子的热膨胀 > 汽缸的热膨胀，称为“正差胀”；

转子的热膨胀 < 汽缸的热膨胀，称为“负差胀”。

正差胀多出现在开机过程，负差胀多出现在停机过程。

对大型汽轮机组，除了测“差胀”外，还应测机壳膨胀量，有助于得到汽缸与转子之间的相对热膨胀信息，对比热膨胀和胀差量，判断汽缸与转子热膨胀是否正常。

12. 为什么要对轴承回油温度及瓦块温度进行监测？

检修或运行中的操作不当都会造成轴承工作不良，从而引起轴承瓦块及轴承回油温度升高，严重时会造成烧瓦。所以对轴承回油温度、瓦块温度进行监测也很必要。按 API 617 规定，轴承进出口润滑油的正常温升应小于 28℃，轴承出口处的最高油温应小于 82℃。另外，用铂电阻在距轴承合金 1mm 处测量时，一般不应超过 110～115℃。但由于温度的反映往往滞后，具体的测量方法又各不相同，因此应具体情况具体分析。

13. 什么是慢转偏心距？如何测量？

慢转偏心距指的是机器静止时的弯曲量，如果在允许的范围内，机器可以起动。

测量方法：起动时用涡流传感器测得的信号中的交流信号峰－峰值表示。

14. 测振传感器的种类及其优缺点是什么？

测振传感器是用来测量振动的传感器，根据所测振动参量和频率响应范围的不同，一般将测振传感器分为位移传感器、速度传感器、加速度传感器三大类。

位移传感器：测的是轴与传感器尖端的相对位移，通过钻孔安装到轴承内，也称为“涡流传感器”。适用于低速设备。有些安保系统采用此传感器。主要缺点：传感器输出结果与被测物体材料有关，材料不同会影响传感器线性范围和灵敏度，须重新标定。为了获得可靠数据，对传感器的安装要求较严，不能用于高频测量。

速度传感器：速度传感器输出与振动速度成正比，信号可以直接提供给分析系统。传感器安装简单，临时测量可以采用手扶方式或通过磁座与被测物体固定，长期监测可以通过螺钉与被测物体固定。速度传感器体积、重量偏大，低频特性较差。测量 10Hz 以下振动时，幅值和相位有误差，需要补偿。测量发电机和励磁机振动时，速度传感器可能会受到电磁干扰的影响。此时，速度传感器的输出信号会变得很不稳定，忽大忽小，没有规律。体积大，运动部件会影响使用寿命，不适合低频和高频测量。

加速度传感器：加速度传感器输出与振动加速度成正比。体积小重量轻、结构紧凑不易损坏是加速度传感器的突出特点，特别适用于细小和质量较轻部件的振动测试。加速度传感器适用于高速设备和含有高速旋转部件的设备，振动分析中应用最为广泛。所有的便携式数据采集器基本都配备加速度传感器。安保系统中也常常使用加速度传感器。

位移传感器：速度和加速度传感器在旋转机械振动测试中都得到了广泛应用。通常是用位移传感器测量转轴振动，用速度或加速度传感器测量轴承座振动。由位移、速度和加速度之间的关系可知，为了突出反映故障信号中高频分量或脉冲量的变化，可以选用加速度传感器；为了突出反映故障信号中低频分量的变化，可以选用涡流传感器。

15. 压电式加速度传感器的工作原理和优点是什么？

压电式加速度传感器的工作原理：当压电晶体受到外力作用时，其表面出现极性相反的等量电荷，其电荷大小与受力大小成正比，外力去掉时，又重新恢复到原来状态，这种能将机械能转换成电能的现象称为压电效应。利用材料压电效应制成的传感器称为压电式传感器。现在普遍使用“ICP内部放大压电式加速度传感器”，即通过内部电荷放大器将电荷放大，转换成电压信号，再传给数据采集器进行进一步的处理。

其优点如下：

(1) 非常宽的频率范围；

(2) 宽振幅范围、宽温度带；

(3) 相当耐用，适合于不同的应用场合；

(4) 稳定性好，不需要经常进行标定；

(5) 体积小、重量轻、灵敏度高、安装简便。

16. 电涡流式速度传感器的安装应注意什么问题？

涡流传感器安装要求较严，安装时需要考虑以下几点：

（1）避免工作温度过高。温度过高不仅会降低传感器灵敏度，而且会损坏传感器。目前传感器（非特制）最高容许温度大部分是在120℃以下。

（2）避免交叉感应。两个传感器距离较近时，相互之间将产生交叉感应，降低传感器灵敏度。不同形式的涡流传感器对两个传感器之间的距离要求不同。例如，本特利3300系列涡流传感器规定$A \geqslant 25$mm。

（3）避免头部侧隙和外露长度过小。

（4）避免支架振动。涡流传感器有时是固定在支架上，因此支架不能太软。有时是套装在支撑杆上，然后再固定到轴承座上。传感器安装时必须紧固在支架上，支架必须紧固在部件上，应该尽可能避免因支架的振动和松动而产生误差。支架固有频率必须避开工作转速，否则会产生共振，导致振动读数误差很大。

（5）正确的初始间隙。距离过大或过小时，传感器输出电压与距离之间的线性关系较差，传感器读数将会产生误差。因此，传感器安装时必须将初始间隙调整到传感器线性范围的中部。被测物体振动时，传感器输出值在该点附近的线性范围内变化。以本特利公司3300系列涡流传感器为例，建议静态下初始间隙电压值调整在－12V（1.5mm）左右。

（6）避免电磁干扰。涡流传感器输出不仅与探头到轴表面的距离有关，还与轴表面剩磁、导电率和导磁率等有关，受电磁干扰的影响较大。

17. 如何判断涡流传感器输出信号的可靠性？

可以根据以下几点综合判断：

（1）根据间隙电压判断。涡流传感器同时包含直流量和交流量。直流量对应着传感器和探头之间的平均距离，又称为间隙电压。交流量对应着振动信号。如果间隙电压正常，那么交流量一般也是正常的。

(2) 根据轴振和瓦振的变化趋势来判断。虽然轴振和瓦振的比例关系有大有小，但是正常情况下，轴振和瓦振应该同步变化。

(3) 根据轴振输出波形判断，排除毛刺等异常现象。

(4) 排除传感器支架共振和松动故障。

(5) 测试盘车状态下的传感器读数，去除振动信号中所包含的轴表面初始偏摆。

(6) 根据升、降速过程中轴振幅值和相位的变化是否符合机械振动规律和转子动力特性来判断。

(7) 采用测振杆 + 碳刷 + 速度传感器的方法临时测量轴的绝对振动，根据转轴绝对振动大小来判断。

18. 如何获取相位脉冲信号？

获取脉冲信号的传感器俗称为键相探头。基准脉冲信号有两种获取方式：

(1) 在转子上贴反光带，配光电传感器。每当反光带通过光电传感器时，由于转轴表面的色差而产生一个与转速完全同脉冲信号；

(2) 在转子上开键槽，配涡流传感器。每当键槽通过涡流传感器时，由于探头与被测物体之间的距离变化而产生脉冲信号。

19. 什么是同步振动与亚同步振动？

同步振动(又称强迫振动)。振动频率为转子的回转频率及其谐波，主要由不平衡、不对中等造成的，其振幅在 $\omega < \omega_n$ 时随 ω 增大而增大；在 $\omega > \omega_n$(临界转速)时随 ω 增大而有所减少；在 $\omega=\omega_n$ 时有共振。

亚同步振动(又称自激振动)。振动的频率低于转子的回转频率。亚同步振动往往在某转速时突然发生，对设备危害极大。

20. 亚同步振动有哪些特点？

(1) 提高动平衡精度对亚同步振动出现的转速及振幅不产生影响；

(2) 在转速超过一阶临界转速时才会发生亚同步振动；

(3) 振动频率接近常数，与转子的自振频率相接近，一般不随机组的转速而变；

(4) 增加基础、支座的弹性可提高发生亚同步振动的门槛转速；

(5) 增加支座的阻尼可提高发生亚同步振动的门槛转速。

21. 振动频谱的谱线数需要多少？

收集所要检测设备的具体信息，包括转速、轴承型号、负荷变化情况、流体类型、齿轮齿数等等，然后根据上述的信息，选择合适的分析频率范围和谱线数。各种机器的需求不同，从 200 线到 6400 线都各自有适用的场合。400 条谱线能够分析大部分转速不高的风机、水泵、汽轮机等设备的常规故障，但是对于电动机、齿轮箱、压缩机等设备，对于转子摩擦、基础松动、齿轮断齿等特定故障可能会造成诊断错误！

22. 使用动圈式速度传感器和压电晶体加速度型传感器测试的振动频谱、波形有差异吗？

动圈式速度传感器和压电晶体加速度型传感器测试的振动频谱、波形在常规频段基本相同，但是对于低频和高频部分差别很大。通常速度型传感器共振频率为 10Hz 左右，低于 10Hz 时振动值严重失真，而高频的轴承、齿轮、电机故障信号也无法捕捉到。因此，建议在测试滚动轴承、齿轮、电机时使用加速度传感器。

第二章　常用的振动信号分析方法

1. 为什么振动分析法是最主要的旋转设备故障分析方法?

振动分析法是对设备所产生的机械振动进行信号采集、数据处理后，根据振幅、频率、相位及相关图形所进行的故障分析。一方面由于在大型旋转机械的所有故障中，振动问题出现的概率最高；另一方面，振动信号包含了丰富的机械及运行的状态信息，既包含了转子、轴承、联轴器、基础、管线等机械零部件运行中自身状态的信息，又包含了诸如转速、流量、进出口压力及温度、油温等影响运行状态的信息；第三，振动信号易于拾取，便于在不影响机器运行的情况下实行在线监测和诊断。因此振动分析法是旋转机械故障诊断中运用最广泛，也最行之有效的方法。采用振动分析法，可以对旋转机械大部分的故障类型进行较为准确的诊断，如转子动不平衡问题、转轴弯曲、轴承工作不良、油膜涡动及油膜振荡、转子热不对中、动静件摩擦、旋转失速及喘振、转轴的横向裂纹、叶轮松动、结构共振等。

2. 时域分析的局限性是什么?

实际的振动往往由多个不同的信号组合而成，非常复杂。时域波形显示了机器的实际振动形态。对于某些故障，其时域波形具有明显的特征，可以直接观察出周期振动信号、短脉冲信号等。但对时域波形进行分析比较困难，无法深入了解设备的真实状态。这是因为时域波形只能反映信号的幅值随时间的变化情况，除只有一个频率分量的简谐波外一般很难明确揭示信号的频率组成和各频率分量的大小。

例如，图 2-1 是一受噪声干扰的多频率成分周期信号的时域波形，从时域波形上很难看出其特征，但从信号的频谱图上却可以判断、并识别出信号中的几个周期分量和它们的大小。

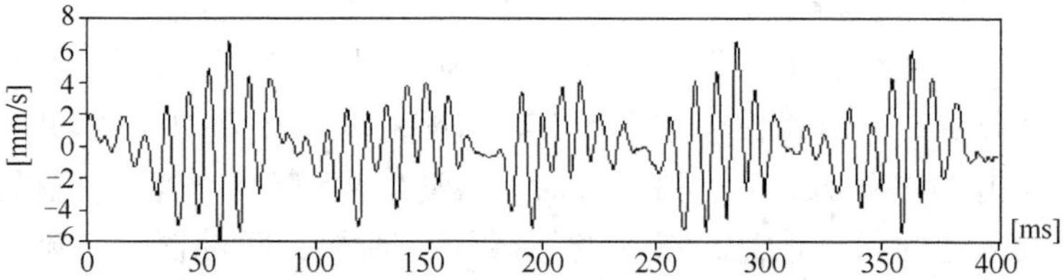

图 2-1　受噪声干扰的多频率成分周期信号的时域波形

3. 采样定理的具体内容是什么？

采样：将一连续信号 $x(t)$ 按一定的时间间隔 T_s 逐点取得其瞬时值。

采样定理：$f_s \geqslant 2f_m$ 即：采样频率大于等于 2 倍的分析频率

若不满足采样定理，将会产生频率混叠现象，从而影响所采集数据的真实性。实际测试时一般采样频率 $f_s = 2.56 \times f_m$，其中的 f_s 为采样频率，f_m 为最大分析频率。

4. 旋转机械信号采集的基本问题是什么？

采样的基本问题是确定合理的采样间隔 T_s（采样频率）和采样长度 N 以保证采样所得的数字信号能真实地代表原来的连续信号 $x(t)$。采样频率 f_s（$f_s = 1/T_s$）越高，采样越密集；采样长度 N 越长，所得数据量越大，所得的数字信号越逼近原信号。反之，f_s 和 N 低到一定程度就会丢失或歪曲原来信号的信息。

5. 在旋转机械振动信号分析的基本手段是什么？

旋转机械的振动信号以正弦信号为基础，在理想状态下，旋转机械的转轴绕轴心 O 旋转，传感器拾取的信号应为一条直线，但实际中，由于偏心 e 的存在，在 x、y 方向上采集的信号为正弦信号，与 FFT 变换的特性相符合。在旋转机械的信号分析中，FFT 方法是作为信号分析的基本手段。同时，在 FFT 分析的基础上，融合 x、y 轴方向的信息的全息谱分析技术，可更有效地诊断旋转机械的故障。

6. 振动信号如何实现从时域到频域的转换？

信号从时域到频域的转换是基于傅里叶的如下理论："现实当中的任何正弦波形都能组合产生另一个比较复杂的波形，相反，现实当中的任何复杂的波形都能够被分解成为许多简单的正弦波"。因此任何波形，无论多么复杂，都可以看成是由很多不同频率和幅值的正弦波组成。

7. 设备振动的基本特征频率是如何计算的？

（1）电机轴的转频：$1X$ = 转速/60，是计算后面各级转子及转子上各个转动部件特征频率的基础.

（2）各级轴的转频：根据传动比来计算

齿轮传动：传动比 $i_{12} = n_1/n_2 = Z_2/Z_1 = f_1/f_2$，

皮带轮传动：传动比 $i_{12} = n_1/n_2 = D_2/D_1 = f_1/f_2$

注：1 为主动轮，2 为从动轮，n 为转速，Z 为齿轮齿数，D 为皮带轮节径

（3）叶片通过频率：叶片数 × 轴的转频

（4）齿轮啮合频率：轴的转频 × 齿数

（5）皮带轮特征频率：（皮带长度×转频）/（3.14×皮带轮直径）

8. 旋转机械状态监测及故障诊断中常用哪些分析图谱？

（1）波德图；（2）极坐标图；（3）频谱瀑布图；（4）极联图；（5）轴心位置图；（6）轴心轨迹图；（7）振动值趋势图；（8）振动信号波形频谱图。

9. 什么是波德图？从波德图中可以得到哪些信息？

波德图是反映机器振动幅值、相位随转速变化的关系曲线，如图2-2。图形的横坐标是转速，纵坐标有两个，一个是振幅的峰-峰值，另一个是相位。从波德图上我们可以得到以下信息：

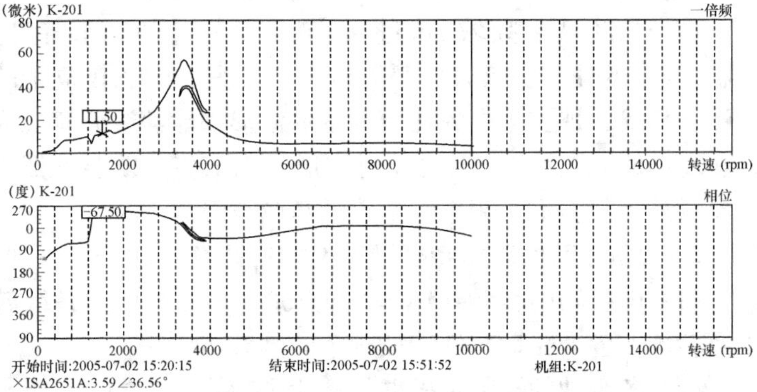

图2-2　波德图

（1）转子系统在各种转速下的振幅和相位；

（2）转子系统的临界转速；

（3）转子系统的共振放大系数；一般小型机组的共振放大系数在3~5甚至更小，而大型机组在5~7；超过上述数值，很可能是不安全的；

（4）转子的振型；

（5）系统的阻尼大小；

（6）转子上机械偏差和电气偏差的大小；

（7）转子是否发生了热弯曲。

由这些数据可以获得有关转子的动平衡状况和振动体的刚度、阻尼特性等动态数据。

10. 什么是极坐标图？从极坐标图中可以得到哪些信息？

极坐标图是把振幅和相位随转速变化的关系用极坐标的形式表示出来，见图 2－3。图中用一旋转矢量的点代表转

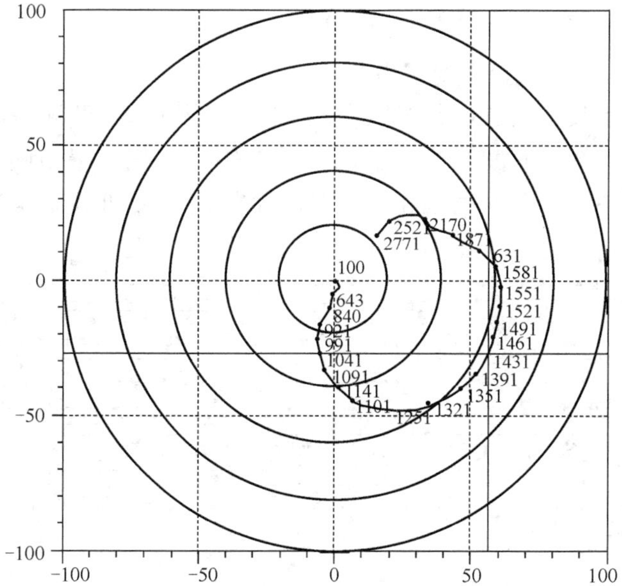

图 2－3　极坐标图

子的轴心，该点在各个转速下所处位置的极半径就代表了轴的径向振幅，该点在极坐标上的角度就是此时振动的相位角。这种极坐标表示方法在作用上与波德图相同，但它比波德图更为直观。

振幅－转速曲线在极坐标图中是呈环状出现的，临界转速处在环状振幅最大处，且此时从弧段上标记的转速应该显示出变化率为最大。用电涡流传感器测试轴的振动时，在极坐标图中可以很容易得到轴的原始晃度矢量，即与低转速所对应的矢量。从带有原始晃度的图形要得到扣除原始晃度后的振动曲线也很容易做到，为此，只要将极坐标系的坐标原点平移到与需要扣除的原始晃度矢量相对应的转速点，原图的曲线形状保持不变。这样，原曲线在新坐标系中的坐标即是扣除原始晃度后的振动响应。

11. 什么是频谱瀑布图？

用某一测点在启停机（或正常运行中）时连续测得的一组频谱图按时间顺序组成的三维谱图就是频谱瀑布图。图2－4中 Z 轴是时间轴相同阶次频率的谱线集和 Z 轴是平行

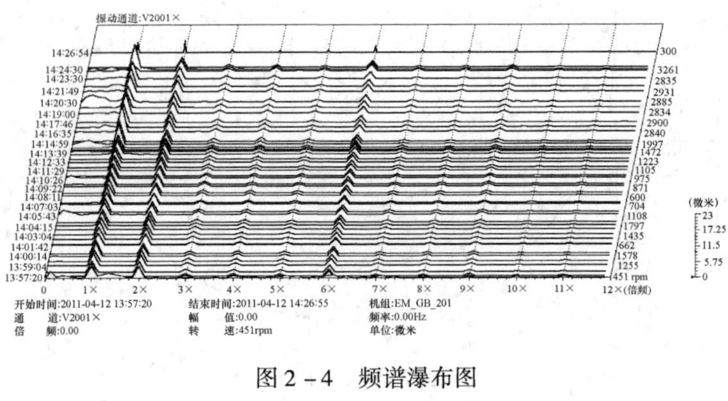

图2－4　频谱瀑布图

的。从图中可以清楚地看出各种频率的振幅随时间是如何变化的。

12. 什么是极联图？

极联图是在启停机转速连续变化时，不同转速下得到的频谱图依次组成的三维谱图见图 2－5。它的 Z 轴是转速，工频和各个倍频及分频的轴线在图中是都以 0 点为原点相外发射的倾斜的直线。在分析振动与转速有关的故障时是很直观的。该图常用来了解各转速下振动频谱变化情况，可以确定转子临界转速及其振动幅值、半速涡动或油膜振荡的发生和发展过程等。

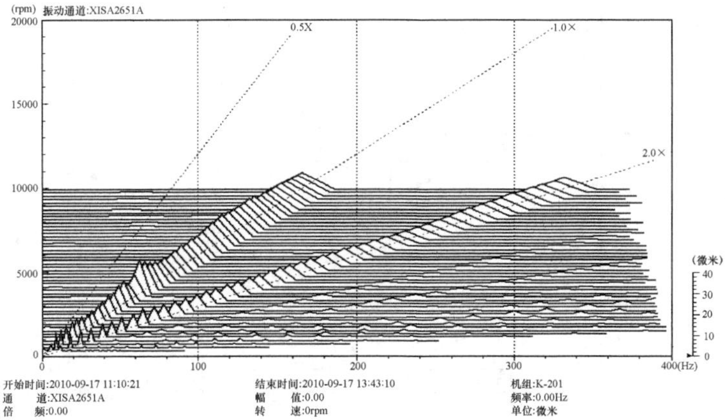

图 2－5　极联图

13. 什么是轴心位置图？

轴心位置图用来显示轴颈中心相对于轴承中心位置。这种图形提供了转子在轴承中稳态位置变化的观测方法，用以判别轴颈是否处于正常位置。见图 2－6。

当轴心位置超出一定范围时，说明轴承处于不正常的工作状态，从中可以判断转子的对中好坏、轴承的标高是否正常，轴瓦是否磨损或变形等等。如果轴心位置上移，则预示着转子不稳定的开始。通过对轴颈中心位置变化的监测和分析，可以预测到某些故障的来临，为故障的防治提供早期预报。一般来说轴心位置的偏位角应该在20°~50°之间。

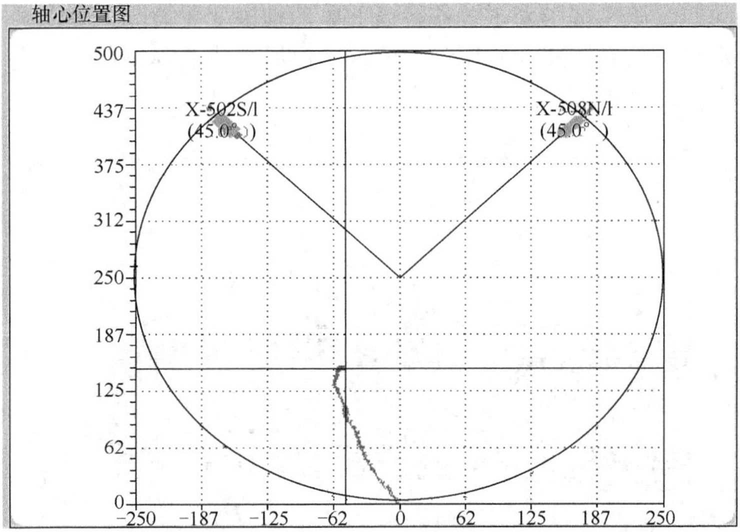

图2-6　轴心位置图

14. 什么是轴心轨迹图？

轴心轨迹一般是指转子上的轴心一点相对于轴承座在其与轴线垂直的平面内的运动轨迹，见图2-7。通常，转子振动信号中除了包含由不平衡引起的基频振动分量之外，还存在由于油膜涡动、油膜振荡、气体激振、摩擦、不对中、啮合等等原因引起的分数谐波振动、亚异步振动、高次谐波振动等等各种复杂的振动分量，使得轴心轨迹的形状表现出各种不同的特征，其形状变得十分复杂，有时甚至是非常地混乱。

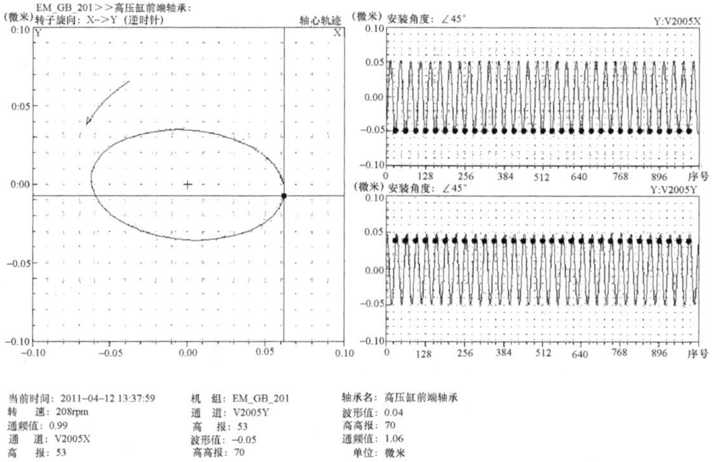

图 2 -7　轴心轨迹图

15. 什么是振动趋势图?

在机组运行时，可利用趋势图来显示、记录机器的通频振动、各频率分量的振动、相位或其它过程参数是如何随时间变化的。见图 2 -8。

这种图形以不同长度的时间为横坐标，以振幅、相位或其它参数为纵坐标。在分析机组振动随时间、负荷、轴位移或其它工艺参数的变化时，这种图给出的曲线十分直观，对于运行管理人员来说，用它来监视机组的运行状况是非常有用的。

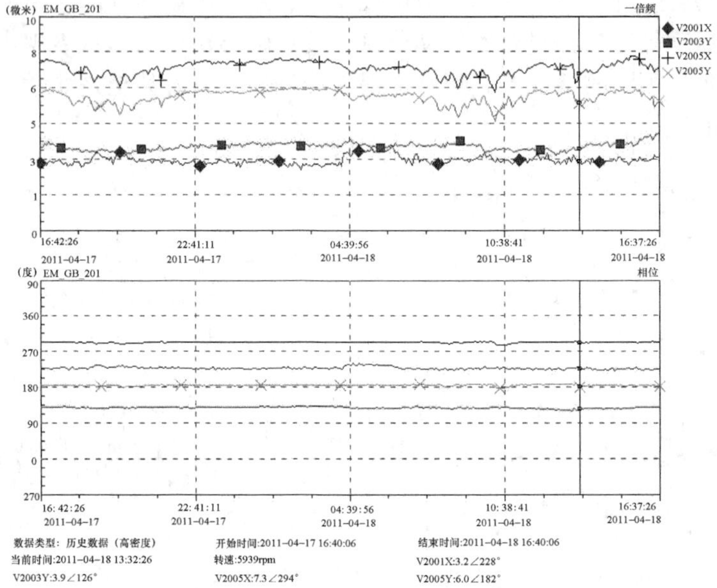

图 2－8　振动趋势图

16. 什么是波形频谱？

在对振动信号进行分析时，在时域波形图上可以得到一些相关的信息，如振幅、周期(即频率)、相位和波形的形状及其变化，见图 2－9。这些数据有助于对振动起因的分析及振动机理的研究。但由于从波形图上不能直接得到我们所需要的精确数据，现在已经很少有人用它来确定振动参数。但它可以在实时监测中作为示波器用来观察振动的形态和变化。

我们知道，对于一个复杂的非谐和的周期性的振动信号，可以用傅立叶级数展开的方法得到一系列的频率成分。

对振动波形进行 FFT 处理则得到振动的频谱分布，即频谱图，该图反映了振动的频率结构。

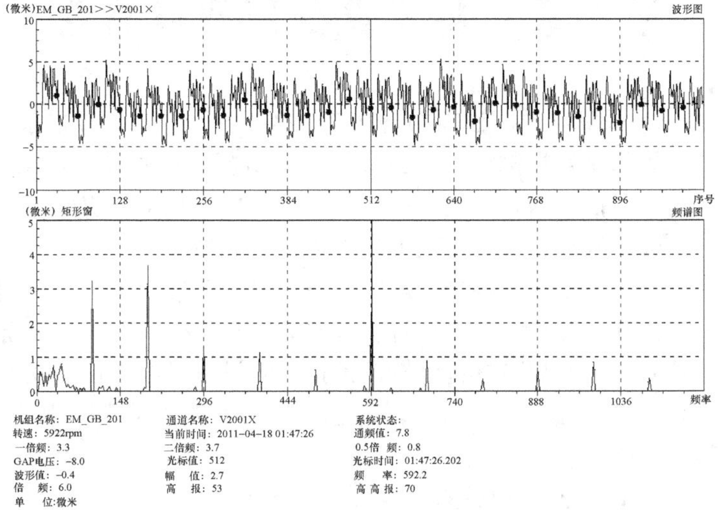

图 2-9　波形频谱图

第三章　旋转设备的故障诊断

1. 故障和故障诊断的含义是什么？

故障就是指机械设备丧失了原来所规定的性能和状态。通常把运行中的状态异常、缺陷、性能恶化及事故前期的状态统称为故障，有时也把事故直接归为故障。

故障诊断则是根据状态监测所获得的信息，结合设备的工作原理、结构特点、运行参数及其历史运行状况，对设备有可能发生的故障进行分析、预报，对设备已经或正在发生的故障进行分析、判断，以确定故障的性质、类别、程度、部位及趋势。

2. 故障诊断的目的是什么？

就是要保证大型机组的安全、稳定、长周期、满负荷、优良运行，其目的主要为：

（1）对机组运行中的各种异常状态作出及时、正确、有效的判断，预防和消除故障，或者将故障的危害性降低到最低程度；同时对设备运行进行必要的指导，确保运行的安全性、稳定性和经济性。

（2）确定合理的故障检修时机及项目，既要保证设备在带病运行时安全、不发生重大设备故障，又要保证停机检查时发现设备的确有问题，合理延长设备的使用寿命和降低维修费用。

（3）通过状态监测，为提高设备的性能而进行的技术改造及优化运行参数提供数据和信息。

3. 故障诊断的任务主要包括哪几个方面？

故障诊断的任务主要包括三个方面：

（1）监视机组的运行状态，判断其是否正常；

（2）判断机组的故障，预测将来发生的趋势，并提供消除故障的思路；

（3）指导机组的运行和维修。

4. 旋转设备主要是指哪些设备？

旋转设备主要是指泵，风机及压缩机等。

泵：对流体加压和输送的机器，将原动机的机械能变为流体的能量。主要有叶轮式泵，容积式泵和其他型式泵。

风机：是把机械能转变为气体的势能和动能的气体压送机器。

压缩机：是压缩和输送气体的机器，将原动机的能量传递给气体，使气体的压力和速度升高，并在机内的固定元件中将速度能转换为压力能。

5. 压缩机从工作方式上可分为几大类？

压缩机从工作方式上可分为两大类：容积式和速度式。活塞式、螺杆式都属于容积式压缩机，而离心式压缩机属于速度式压缩机，它是通过高速旋转的叶轮对气体做功，将机械能转化为气体的速度能，再利用扩压器将气体的速度能转换为压力能，从而实现气体压力的上升。

6. 旋转机械的主要部件和其振动的特殊性是什么？

旋转机械的主要部件有转动部件：转子、联轴器、齿轮等；非转动部件：滑动轴承、轴承座、机壳等。

旋转机械振动的特殊性：①振动一般呈很强的周期性；②大型旋转机械的振动主要是转轴。旋转机械的状态监测主要是针对其振动特点进行的。

7. 在离心压缩机整个服役期内，设备运行维护一般有哪些规律性？

在离心压缩机整个服役期内，设备故障发生的次数和使用的时间有内在的规律性。虽然对于一台离心压缩机而言，发生故障的时间、次数以及运行寿命各不一样，但都有以下一些共同特点：

（1）离心压缩机刚投运的第一年，故障发生的频率较高。其原因在于：设备在设计、制造、安装过程中所存在的问题在运行初期得以暴露，操作人员对设备性能、运行规律也需要一个学习和掌握的过程。

（2）离心压缩机的运行从第二年开始，发生故障的频率会明显下降，设备进入稳定运行区，一般只有个别突发故障的发生。原因在于：设备自身存在的各种问题在第一年已经暴露，并通过检修人员的改造得以解决；随着对设备性能、运行规律的进一步了解和掌握，操作人员的操作技能大幅提高

（3）离心压缩机使用寿命一般可达15年以上随着时间的延长，事故发生率还会逐渐提高。造成这一现象的原因是设备各部件的逐渐老化。

8. 对在不同的运行期间的离心压缩机采取哪些不同的措施，保证机组的稳定运行？

设备的这些共同特点，可以反映出机组在整个服役期间存在一定的运行规律。我们在掌握了离心压缩机这些运行规律后，就可以对在不同的运行期间的离心压缩机采取不同的措施：

（1）在设备安装时，应把好质量关。

（2）在设备调试时，应把好验收关。

（3）在设备投运初期，应缩短点检周期、提高点检质量，以及时发现故障，并及时诊断处理。

（4）应该善于吸取同类设备的经验教训，防止其它设备发生过的故障的再次发生。

（5）机组在进入第二年后，必须坚持正常的点检工作，同时根据运行参数是否变化，监测设备运转情况，防止突发事件的发生。

（6）在设备运转到逐渐老化的阶段，必须适当增加点检次数，以便随时发现设备故障的先兆，帮助诊断设备各部件的运行状态，及时检修或更换，保证设备运行安全，延长设备使用年限。

9. 哪些设计制造的原因会引起旋转机械发生故障？

（1）设计不当：动态性能不良，运行时发生强迫振动或自激振动；

（2）结构不合理，应力集中；

（3）工作转速接近或落入临界转速区；

（4）运行点转速接近或落入非稳定区；

（5）零部件加工、制造不良，精度不够；

（6）零部件材质不良，精度不够，制造缺陷；

（7）转子动平衡不符合技术要求。

10. 哪些安装维修的原因会引起旋转机械发生故障？

（1）安装不当，零部件错位，预负荷大；

（2）轴系对中不良；

（3）机器几何参数（如配合间隙、过盈量及相对位置）调整不当；

（4）管道应力大，机器在工作状态下改变了动态特性和安装精度；

(5) 转子长期放置不当，改变了动平衡精度；

(6) 安装或维修过程中破坏了机器原有的配合精度。

11. 哪些运行操作的原因会引起旋转机械发生故障？

(1) 机器在非设计状态下运行(如超转速、超负荷等)改变机器工作特性；

(2) 润滑或冷却不良；

(3) 旋转体局部损坏或结垢；

(4) 工艺参数(温度、压力、流量、负荷等)操作不当，机器运行失稳；

(5) 启、停车过程中操作不当，暖机不够，热膨胀不均匀或临界区停留时间长。

12. 状态维修的特点和目标是什么？

状态维修的特点是不规定设备的修理周期，而是实时掌握、不断积累设备的状态信息，预测设备的劣化趋势和剩余寿命，根据具体情况制定不同的维修措施。

状态维修的目标是：

(1) 通过早期探测故障征兆，及时消除隐患，从而减少非计划检修；

(2) 根据机器状态确定检修内容，提前作好准备，从而缩短停机检修时间；

(3) 根据机器异常的原因和部位，指导检修，从而防止过剩维修；

(4) 通过改善机器性能，提高可靠性，从而延长设备使用寿命；

(5) 通过发现异常工艺参数，及时处理调整，从而优化运行操作等等。

13. 设备状态点检监测的流程是什么?

设备状态点检监测的流程是:

(1) 确定监测设备、收集设备的基本资料;

(2) 确定设备的监测方案:包括测点、测量定义(即采集参数)、监测周期、点检路线等;

(3) 根据监测方案建立点检计划并下达到点检仪器;

(4) 现场采集数据并回传至计算机,对采集数据进行分析。

14. 旋转设备分类的一般原则是什么?

一般将设备分为 A、B、C 三类:

A 类设备:即关键设备

(1) 关键性、无备用的设备,这些设备的意外停机或故障,将快速影响生产和经营秩序并造成重大生产损失和其他损失;

(2) 一旦发生故障,将危及人身、安全和环境的生产设备;

(3) 维修或修复费用高、周期长的设备;

(4) 大型、精密生产设备。

B 类设备:指主要设备

(1) 有备用机组的关键性生产设备;

(2) 局部生产具有较大影响的设备。

C 类设备:一般设备

(1) 发生突发性故障对生产影响不大的设备;

(2) 结构简单,维修方便,发生故障可以很快恢复生产的设备。

A、B 类设备需专职设备监测人员和生产车间共同作好监测及诊断工作,并逐步实现按状态维修;C 类设备可以采用事后维修方式，但也要作好点检工作。

15. 进行设备状态监测及故障诊断需要设备的哪些基本资料？

(1) 设备基本信息：设备名称、类型、设备编号、重要等级、转速、功率、监测方式等。

设备主要部分的结构图。

(2) 部件信息：有了完整清楚的部件信息，包括轴承型号、齿轮齿数、叶片数、带轮直径等，可以计算出故障特征频率，利于快速判断设备故障原因及部位。

(3) 主要技术档案资料：包括设备的图纸、主要设计参数、质量检验标准和性能指标、厂家提供的有关设备常见故障分析处理的资料。

(4) 设备故障记录：掌握设备曾经出现过的故障情况，对于研究该设备的故障机理、分析掌握其运行状态及建立专家诊断系统都有重要意义。

(5) 设备检修记录和备件更换记录：掌握设备检修情况、检修精度以及备件更换情况等，对于判断设备状态、分析设备故障至关重要。

16. 如何确定旋转设备状态监测的测点位置？

测点最好选在设备上对振动敏感的部位。一般都把轴承处选为主要测点，把机壳、箱体、基础的部位选作辅助测点。在轴承处测量时，一般建议测量三个方向的振动。垂直方向标注为 V，水平方向标注为 H，轴线方向标注为 A。见图 3 - 1。

选择测点时应注意：在选择测点时应考虑环境因素的影响，尽可能地避免选择高温、高湿、出风口和温度变化剧烈的地方作为测量点，以保证测量结果的有效性。测点附近的

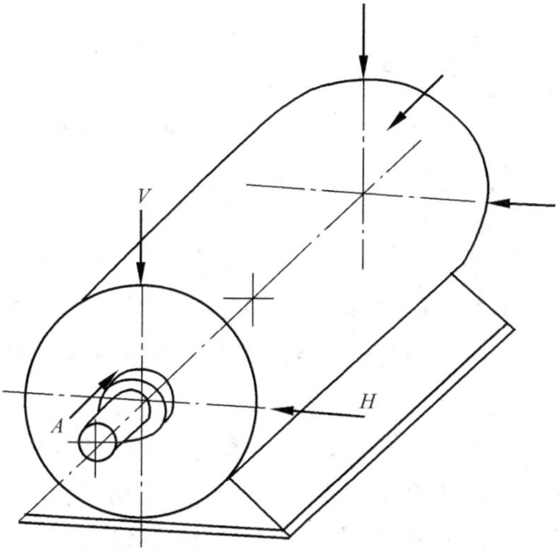

图 3－1　旋转设备状态监测的测点位置

空间要可以放置传感器，并且离裸露旋转体有足够的距离，保障测量人员的安全。

为了保证所测数据的可比性，测点一经选定，就应作出相应标记，以使每次测量都在同一测点上进行；同时，保证每次测量时，设备的工况都相同。滚动轴承的测点尽量靠近负荷区域。

17. 设备监测周期的确定应该遵循什么原则？

新装设备或大规模维修后的设备运行初期，周期要短；待设备进入稳定运行期后，监测周期可以适当延长。监测周期应尽量固定。对点检站专职设备监测，多数设备监测周期一般可定为每周 1～3 次；刚开始进行设备监测时，监测次数可以多一些，以积累设备的初始数据，以后可以适当延长。实测振动值接近或超过该设备报警标准值时，要缩短监测周期。如果实测振动值接近或超过该设备停机值，应及时停机安排检修。如果因生产原因不能停机时，要加强监测，监测周期可缩短为 1 天或更短。

18. 如何确定转子的临界转速？

转子的振幅随转速的增大而增大，到某一转速时振幅达到最大值，超过这一转速后振幅随转速增大逐渐减小，且稳定在某一范围内，这一转子振幅最大的转速称为转子的临界转速。

19. 刚性转子和柔性转子的概念和划分依据是什么？

根据工作状态和力学特性，转子可以分为两类：刚性转子和柔性转子。直观地讲，刚性转子的刚度较大，在整个转速范围内，转子没有变形或变形量很小，可以忽略。柔性转子的刚度较小，在一定转速和动载荷作用下，转子有变形或必须考虑变形量的影响。实际转子不可能绝对刚性，只不过当转速较低时，转子上不平衡引起的动载荷较小，其变形可以忽略。

刚性转子和柔性转子的划分没有绝对依据。工程上通常以转子临界转速为分界线。把工作转速高于临界转速的转子称为柔性转子，把工作转速低于临界转速的转子称为刚性转子。有的文献给出的划分标准更严，把工作转速低于 70%临界转速的转子定义为刚性转子，其它都称为柔性转子。汽轮发电机组转子一阶临界转速通常都低于工作转速，有些发电机转子的二阶临界转速也在工作转速之下，这些转子通常都被视为柔性转子。一些风机、电动机、联轴器等可以视为刚性转子来平衡。

20. 旋转设备有哪些典型故障？

（1）不平衡；

（2）不对中；

（3）轴弯曲和热弯曲；

（4）油膜涡动和油膜振荡；

（5）蒸汽激振；

（6）机械松动；

（7）转子断叶片与脱落；

（8）摩擦；

（9）轴裂纹；

（10）旋转失速与喘振；

（11）机械偏差和电气偏差。

21. 转子不平衡的诊断方法和注意事项是什么？

转子不平衡的诊断方法是根据转子不平衡的振动特点来诊断，主要看振动信号的波形、特征频率、相位稳定性、轴心轨迹等。

注意事项：（1）对于老设备：工频分量增大时，可能有较大的不平衡；

（2）对新安装设备，工频分量增大时，可能还有下述因素的影响：

① 转子是否遇到临界转速？——常用其它方法确定临界转速；

② 转子是否与基础共振？——可用相位分析方法诊断。

基础共振：使机组上各点都以同一频率和相位振动。不平衡造成的振动在沿旋转方向上各点振动有相位差。

（3）用涡流传感器不接触测量时，注意测点处轴颈加工的不同心或椭圆。可用降低转速的方法来检验。若低速时振动与高速时相同，则为假不平衡。

22. 转子弯曲的种类和振动机理是什么？

转子弯曲的种类：①永久性弯曲：转子成弓形弯曲后无法恢复。启动时振动就大；②转子临时性弯曲：可以恢复的弯曲。随升速振幅变大。

转子弯曲振动的机理：转子弯曲会产生与转子质量偏心类似的旋转矢量激振力。与质量偏心引起的振动不同之处：弯曲时两端产生锥形运动，轴向产生较大的工频振动。转子弯曲时，由于弯曲产生的弹力与不平衡产生的离心力相位不同，两者相互会有所抵消，转子振动的振幅在某个转速下会减小。当弯曲作用小于不平衡时，振幅减小发生在临界转速以下；当弯曲作用大于不平衡时，振幅减小发生在临界转速以上；

23. 转子弓形弯曲（永久性弯曲）的原因是什么？

（1）设计制造：结构不合理、制造误差、材质不均匀。

（2）安装、维修：①长期存放不当引发永久性弯曲；②轴承安装错位，转子有较大的预负荷。

（3）运行操作：高速高温机器停机后未及时盘车。

（4）机器劣化：转子热稳定性差，长期运行后自然弯曲。

24. 转子弓形弯曲（永久性弯曲）的振动特征是什么？

振动特征是：机器开始升速运行时，在低速阶段振动幅值就较大。

（1）特征频率：1倍频，并伴有2倍频。

（2）振动稳定：振动方向为径向、轴向，相位特征稳定。刚性转子两端相位差180°。

（3）轴心轨迹：椭圆。

（4）进动方向：正进动。

（5）振动随转速的变化明显。

（6）时域波形：正弦波。

25. 转子临时弯曲的原因及振动特性是什么？

（1）转子临时性弯曲的原因：

①设计制造：结构不合理，制造误差大，材质不均匀；

②安装、维修：转子有较大的预负荷；

③运行操作：升速过快，加载太大；

④机器劣化：转子稳定性差。

（2）振动特性是：

①特征频率：1倍频，伴有2倍频。

②振动稳定性：振动随转速变化明显，振动方向为径向、轴向，相位特征稳定（正常运行时稳定，升机过程中有变化）。

③轴心轨迹：椭圆。

④进动方向：正进动。

26. 转子不对中有哪些形式？

有三种形式：（1）平行不对中：轴线平行位移，见图3－2；

（2）角度不对中：轴线角度位移，见图3－3；

（3）综合不对中：轴线综合位移。

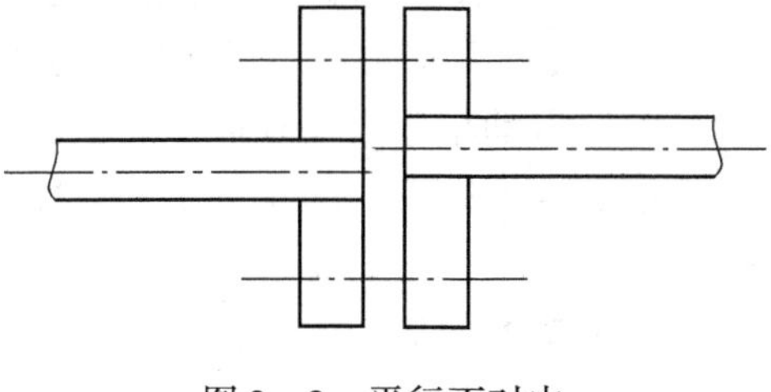

图3－2　平行不对中

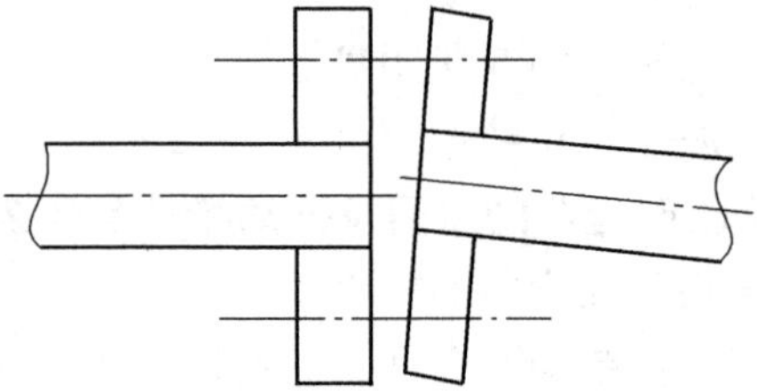

图 3－3　角度不对中

27. 产生转子不对中的原因是什么？

产生转子不对中的原因有：

（1）初始安装误差；

（2）负载、自重作用使转子弯曲；

（3）支承架不均匀膨胀引起热态工作下转子对中不良（热不对中）；

（4）地基不均匀下沉。

28. 转子不对中故障的特征是什么？

（1）转子不对中改变了轴承中的油膜压力，使联轴节两侧支承负荷变化较大，负荷减小的轴承可能引起油膜失稳。不对中现象的最大振动在紧靠联轴节两端的轴承上。

（2）平行不对中主要引起径向振动。如果轴承座 x、y 方向刚度相同，则振幅大的方向为不对中方向；轴承座 x、y 方向刚度不同，应经计算求得。角度不对中主要引起轴向振动，刚性转子轴向振动幅值大于径向振动幅值。

（3）不对中引起的振幅值与转子的负荷有关，随负荷增大而增大。

（4）不对中使联轴器两侧的转子振动产生相位差。

对于刚性联轴节平行不对中：联轴节两侧的径向振动相

位差约 180°；

对于刚性联轴节角度不对中：联轴节两侧的轴向振动相位差约 180°；联轴节两侧的径向振动同相；

（5）从振动的频率成分来看，不同形式的不对中频率成分不同。

对刚性联轴节平行不对中：易激起 $2f_n$，也存在 f_n 及高频；

对刚性联轴节角度不对中：易激起同频振动，也存在高频；

（6）轴心轨迹：香蕉形、8 字形；

（7）振幅随转速变化不明显，随油温、负荷变化明显。

29. 转子不对中故障识别的注意事项是什么？

不对中也许是大的轴向方向振动的最常见的原因，但还有若干其它来源也可产生轴向方向振动。它们包括：弯曲的轴或处于共振回转的轴；卡在轴上的不对中的轴承；轴向方向某些机器零部件共振；推力轴承磨损；磨损的螺旋齿轮或斜齿轮；安装有滑动轴承的电动机相对于其磁力中心摆动；联轴器的零部件不对中等。

30. 油膜涡动和油膜振荡的原因是什么？

油膜涡动和油膜振荡是滑动轴承中由于油膜的动力学特性而引起的一种自激振动。

油膜涡动一般是由于过大的轴承磨损或间隙，不合适的轴承设计、润滑油参数的改变等因素引起的。根据振动频谱很容易识别油膜涡动，其出现时的振动频率接近转速频率的一半，随着转速的提高，油膜涡动的故障特征频率与转速频率之比也保持在一个定值上始终不变，常称为半速涡动。见图 3－4、图 3－5。

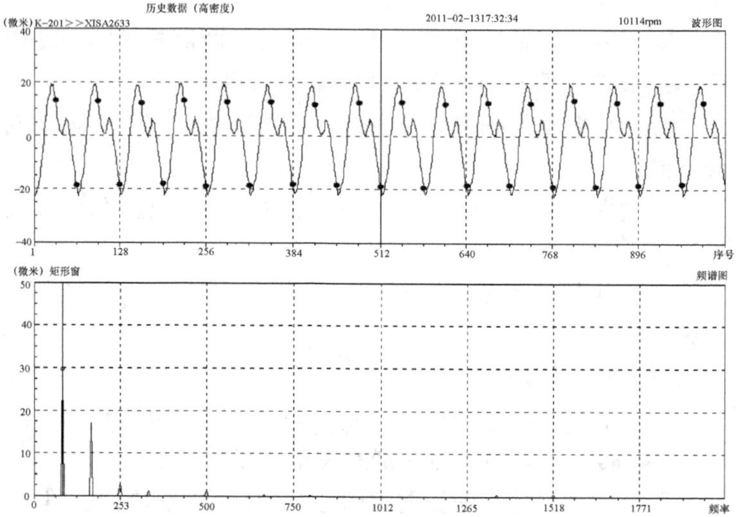

图 3－4　某汽轮机轴承发生严重油膜涡动时的波形频谱图

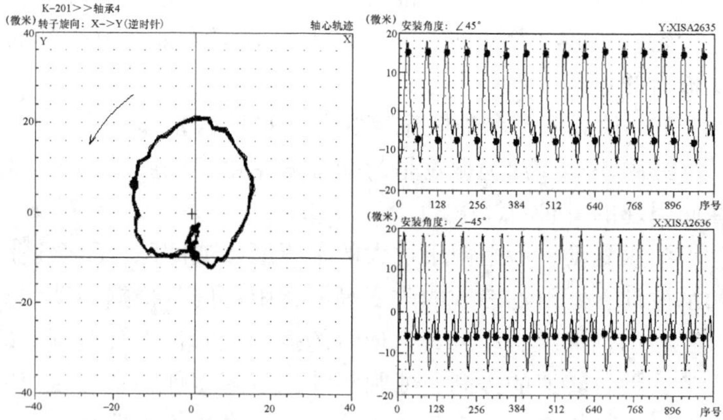

图 3－5　汽轮机轴承发生较轻的油膜涡动时的轴心轨迹图

油膜涡动和油膜振荡是两个不同的概念，它们之间既有区别，又有着密切的联系。

当机器出现油膜涡动，而且油膜涡动频率等于系统的固有频率时就会发生油膜振荡。油膜振荡只有在机器运行转速大于2倍转子临界转速的情况下才可能发生。当转速升至2倍临界转速时，涡动频率非常接近转子临界转速，因此产生共振而引起很大的振动。通常一旦发生油膜振荡，无论转速继续升至多少，涡动频率将总保持为转子一阶临界转速频率。

31. 转子发生油膜振荡时一般具有哪些特征？

转子发生油膜振荡时一般具有以下特征：

（1）时间波形发生畸变，表现为不规则的周期信号，通常是在工频的波形上面叠加了幅值很大的低频信号；

（2）在频谱图中，转子的固有频率 ω_0 处的频率分量的幅值最为突出；

（3）油膜振荡发生在工作转速大于2倍一阶临界转速的时候，在这之后，即使工作转速继续升高，其振荡的特征频率基本不变；

（4）油膜振荡的发生和消失具有突然性，并带有惯性效应，也就是说，升速时产生油膜振荡的转速要高于降速时油膜振荡消失的转速；

（5）油膜振荡时，转子的涡动方向与转子转动的方向相同，为正进动；

（6）油膜振荡剧烈时，随着油膜的破坏，振荡停止，油膜恢复后，振荡又再次发生。如此持续下去，轴颈与轴承会不断碰摩，产生撞击声，轴承内的油膜压力有较大的波动；

（7）油膜振荡时，其轴心轨迹呈不规则的发散状态，若发生碰摩，则轴心轨迹呈花瓣状；

(8) 轴承载荷越小或偏心率越小，就越容易发生油膜振荡。

(9) 油膜振荡时，转子两端轴承振动相位基本相同。

32. 蒸汽激振产生的原因是什么？

蒸汽激振产生的原因通常有两个。一是由于调节阀开启顺序的原因高压蒸汽产生了一个向上抬起转子的力，从而减少了轴承比压，因而使轴承失稳。二是由于叶顶径向间隙不均匀，产生切向分力，以及端部轴封内气体流动时所产生的切向分力，使转子产生了自激振动。蒸汽激振一般发生在大功率汽轮机的高压转子上，当发生蒸汽振荡时，振动的主要特点是振动对负荷非常敏感，而且振动的频率与转子一阶临界转速频率相吻合。在绝大多数情况下(蒸汽激振不太严重)振动频率以半频分量为主。

在发生蒸汽振荡时，有时改变轴承设计是没有用的，只有改进汽封通流部分的设计、调整安装间隙、较大幅度地降低负荷或改变主蒸汽进汽调节汽阀的开启顺序等才能解决问题。

33. 什么是旋转失速与喘振？

旋转失速是压缩机中最常见的一种不稳定现象。当压缩机流量减少时，由于冲角增大，叶栅背面将发生边界层分离，流道将部分或全部被堵塞。这样失速区会以某速度向叶栅运动的反方向传播。实验表明，失速区的相对速度低于叶栅转动的绝对速度。因此，我们可以观察到失速区沿转子的转动方向以低于工频的速度移动，故称分离区这种相对叶栅的旋转运动为旋转失速。

旋转失速使压缩机中的流动情况恶化，压比下降，流量及压力随时间波动。在一定转速下，当入口流量减少到某一值时，机组会产生强烈的旋转失速。强烈的旋转失速会进一步引起整个压缩机组系统的一种危险性更大的不稳定的气动现象，即喘振。此外，旋转失速时压缩机叶片受到一种周期性的激振力，如旋转失速的频率与叶片的固有频率相吻合，则将引起强烈振动，使叶片疲劳损坏造成事故。旋转失速严重时可以导致喘振，但二者并不是一回事。喘振除了与压缩机内部的气体流动情况有关之外，还同与之相连的管道网络系统的工作特性有密切的联系。

压缩机总是和管网联合工作的，为了保证一定的流量通过管网，必须维持一定压力，用来克服管网的阻力。机组正常工作时的出口压力是与管网阻力相平衡的。但当压缩机的流量减少到某一值时，出口压力会很快下降，然而由于管网的容量较大，管网中的压力并不马上降低，于是，管网中的气体压力反而大于压缩机的出口压力，因此，管网中的气体就倒流回压缩机，一直到管网中的压力下降到低于压缩机出口压力为止。这时，压缩机又开始向管网供气，压缩机的流量增大，恢复到正常的工作状态。但当管网中的压力又回到原来的压力时，压缩机的流量又减少，系统中的流体又倒流。如此周而复始产生了气体强烈的低频脉动现象——喘振。

34. 如何识别旋转失速与喘振?

旋转失速故障的识别特征：

（1）振动发生在流量减小时，且随着流量的减小而增大；

（2）振动频率与工频之比为小于 1 的常值；

（3）转子的轴向振动对转速和流量十分敏感；

（4）排气压力有波动现象；

（5）流量指示有波动现象；

（6）机组的压比有所下降，严重时压比可能会突降；

（7）相对分子质量较大或压缩比较高的机组比较容易发生。

喘振故障的识别特征：

（1）产生喘振故障的对象为气体压缩机组或其它带长管道、容器的气体动力机械；

（2）喘振发生时，机组的入口流量小于相应转速下的最小流量；

（3）喘振时，振动的幅值会大幅度波动；

（4）喘振时，振动的特征频率一般在1 ~15Hz之内；与压缩机后面相联的管网及容器的容积大小成反比；

（5）机组及与之相连的管道等附着物及地面都发生强烈振动；

（6）出口压力呈大幅度的波动；

（7）压缩机的流量呈大幅度的波动；

（8）电机驱动的压缩机组的电机电流呈周期性的变化；

（9）喘振时伴有周期性的吼叫声，吼叫声的大小与所压缩气体的相对分子质量和压缩比成正比。

35. 机械松动的类型和振动信号的特征是什么？

通常有三种类型的机械松动。第一种类型的松动是指机器的底座、台板和基础存在结构松动，或水泥灌浆不实以及结构或基础的变形，此类松动表现出振动频谱为1倍频分量。第二种类型的松动主要是由于机器底座固定螺栓的松动或轴承座出现裂纹引起。其振动频谱除包含1倍频分量外，还存在相当大的2倍频分量，有时还激发出1/2倍频和3倍频振动分量。第三种类型的松动是由于部件间不合适的配合引起的，由于松动部件对来自转子动态力的非线性响应，因而其产生许多振动谐波分量，如 1 倍频，2 倍频，…，n 倍频，有时亦产生精确的 1/2 倍频或 1/3 倍频……等等的分数谐波分量，这时的松动通常是轴承盖里轴承瓦枕的松动、过大的轴承间隙、或者转轴上的叶轮存在松动。这种松动的振动相位很不稳定，变化范围很大。松动时的振动具有方向性。在松动方向上，由于约束力的下降，将引起振动幅度加大。

36. 转子断叶片、零部件或垢层脱落的故障机理与特征是什么？

转子断叶片、零部件或垢层脱落的故障机理与动平衡故障是相同的。

其特征如下（见图 3－6）：

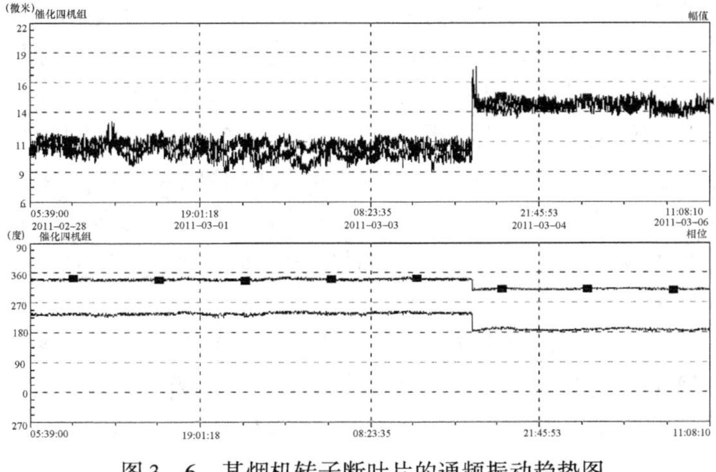

图 3－6　某烟机转子断叶片的通频振动趋势图

（1）振动的通频振幅在瞬间突然升高；

（2）振动的特征频率为转子的工作频率；

（3）工频振动的相位也会发生突变。

37. 当旋转机械发生动、静部分碰摩时具有哪些故障特征？

当旋转机械的旋转部件和固定部件接触时，就会发生动、静部分的径向摩擦或轴向碰摩。这是一个严重的故障，它可能会导致机器整个损坏。在摩擦产生时通常分为两种情况：第一种是部分摩擦，此时转子仅偶然接触静止部分，同时维持接触仅在转子进动整周期的一个分数部分，这通常对于机器的整体来说，它的破坏性和危险性相对比较小；第二种，特别是对于机器的破坏性效果和危险性来说就是更为严重的情况了，这就是整周的环状摩擦，有时候也称为"全摩擦"或"干摩擦"，它们大都在密封中产生。在整周环状摩擦发生时，转子维持与密封的接触是连续的，产生在接触处的摩擦力能够导致转子进动方向的剧烈改变，从原本是向前的正进动变成向后的反进动(见图 3－7、图 3－8)。摩擦一般会产生更多的次谐波振动分量，此外，转子摩擦可能产生一系列的分数谐波振动分量(1/2 倍频，1/3 倍频，1/4 倍频，1/5 倍频，…，1/n 倍频)，转子摩擦可能也会激起许多高频振动分量；这可能会在原本正常的频谱图上面叠加一个粉红色的噪声信号。摩擦的危害性很大，即使转轴和轴瓦短时间摩擦也会造成严重后果。

有的大型机组在转子和静子发生径向部分摩擦时，振动频谱主要是基频分量，但也有 2 倍频、3 倍频、4 倍频等高次谐波分量，其中 2 倍频分量较大。摩擦时振动急剧增大，而且相位也会发生变化，相位变化是逆转动方向。摩擦后若

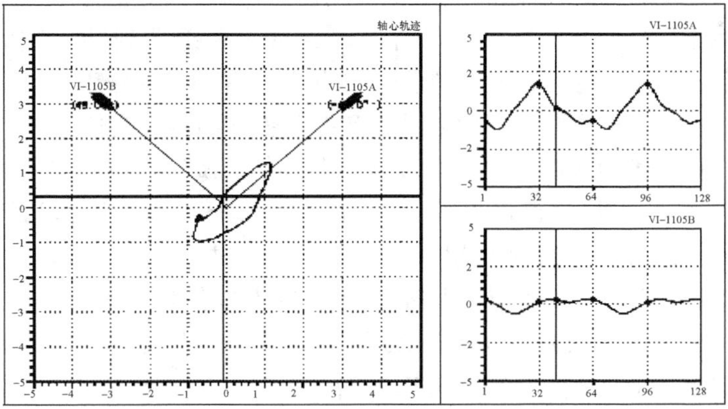

图 3－7　摩擦发生前的轴心轨迹（正进动）

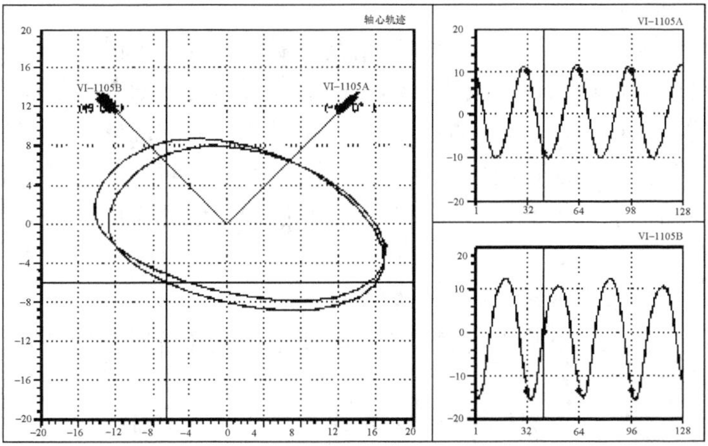

图 3－8　摩擦发生时的轴心轨迹（反进动）

转子发生热弯曲，则转子降速过程中通过临界转速时振动也急剧放大。

当转子发生动静摩擦后，降转速或降负荷振动并不立即减小，反而有所增大。只有当转速或负荷降低到某一数值后，振动才缓慢减小，即振动变化存在着一定的滞后。

38. 转子裂纹产生的原因和振动信号的特征是什么？

转子裂纹产生的原因多是疲劳损伤。旋转机械的转子如果设计不当(包括选材不当或结构不合理)或者加工方法不妥，或者是运行时间超长的老旧机组，由于应力腐蚀、疲劳、蠕变等，会在转子原本存在诱发点的位置产生微裂纹，再加上由于较大而且变化的扭矩和径向载荷的持续作用，微裂纹逐渐扩展，最终发展成为宏观裂纹。原始的诱发点通常出现在应力高而且材料有缺陷的地方，如轴上应力集中点、加工时留下的刀痕、划伤处、材质存在微小缺陷(如夹渣等)的部位等。

在转子出现裂纹的初期，其扩展的速度比较慢，径向振动的幅值增长也比较小。但裂纹的扩展速度会随着裂纹深度的加深而加速，相应的会出现振幅迅速增大的现象。尤其是2倍频幅值的迅速上升和其相位的变化往往可以提供裂纹的诊断信息，因此可以利用2倍频幅值和相位的变化趋势来诊断转子裂纹。

转子出现裂纹后的一般特征：

(1) 各阶临界转速较正常时要小，尤其是当裂纹趋于严重时更明显；

(2) 由于裂纹造成转子的刚度变化而且不对称，使转子形成多个共振转速；

(3) 在恒定转速下，1X、2X、3X等各阶倍频分量的幅值及其相位不稳定，而且尤其以二倍频分量最为突出；

(4) 由于裂纹转子的刚度不对称，使得对转子进行动平衡变得困难。

39. 在振动信号出现机械偏差和电气偏差的原因是什么？如何检验这两种偏差？

在振动信号中，之所以会出现机械偏差和电气偏差的问题，这是由非接触式电涡流传感器的工作原理所决定的。

切削加工不完善的轴表面（椭圆形或不同轴）会产生一种正弦动态运动的指示，其频率与旋转部件的旋转频率相一致。不完善的切削表面的原因，通常是由于最后加工的机床的轴承的磨损、刀具变钝、进给太快或机床的其它缺陷产生的，或者是车床顶针的磨损造成的。轴颈表面上的不光滑或其它缺陷，如划痕、凹坑、毛刺、锈疤等也将会产生偏差输出。

检验这种误差状态的最简单的方法是用百分表检查轴颈的跳动值。百分表的波动值将确认非接触式电涡流传感器所观察到的被测表面的误差存在的情况。

轴颈的被测表面应该像滑动轴承的轴颈表面那样精心地保护，在吊装时，所采用的缆绳要避开传感器测量的表面区域，存放转子的支撑架应保证不会引起轴颈表面的划痕、凹陷等。

一般来说，只要磁场是均匀的或对称的，电涡流传感器在所存在的磁场中都能令人满意地工作。如果轴上某一表面区域有很高的磁性，而其余的表面是非磁性的或者只有很低的磁性，这就可能会出现电气偏差。这是由于来自电涡流传感器的磁场作用到这种轴颈表面上时，引起了传感器灵敏度的改变。

另外，镀层的不均匀、转子材料的不均匀等也会引起电气偏差。而电气偏差是无法用百分表来测量和确认的。

40. 大型旋转机械监测与故障诊断系统分类和组成是什么？

大型旋转机械监测与故障诊断系统分类：

(1) 离线监测与诊断系统；

(2) 在线监测与诊断系统。

监测与诊断系统的硬件组成见图 3 – 9、图 3 – 10。

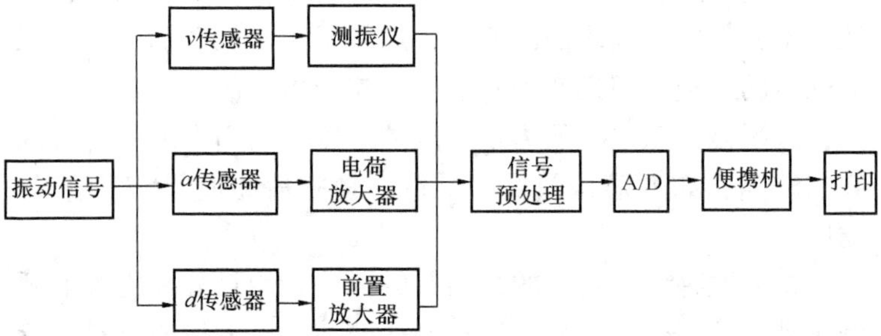

图 3 – 9 离线系统

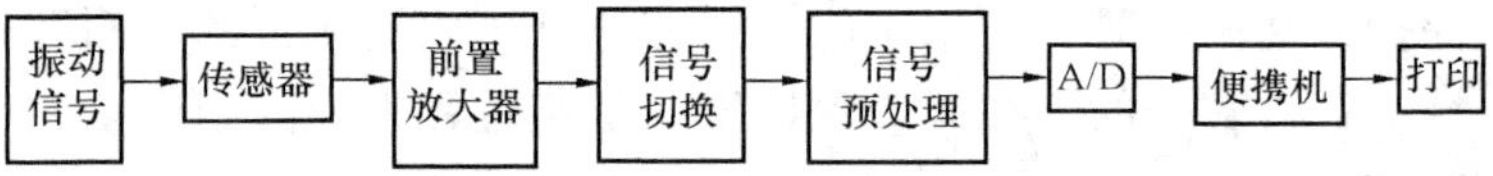

图 3 – 10 在线系统

41. 在线监测系统的软件由几部分组成？

在线监测系统的软件大致可分为三个部分：

(1) 数据采集软件

①采样参数的设置，包括采样长度、采样频率、采样通道数；

②信号显示；

③数据的存储；

④过去数据的删除。

（2）分析软件

①波形分析软件；

②时域分析软件：时域平均、相关分析、幅域参数分析；

③轴心轨迹分析软件：原始轴心轨迹、提纯轴心轨迹、滤波轴心轨迹；

④频域分析软件：幅值谱分析、功率谱分析；

⑤全息谱分析软件：二维全息谱、三维全息谱；

⑥暂态分析软件：

a. 瀑布图分析：常规瀑布图、全息瀑布图；

b. 奈魁斯特图：每一转速下基频的振幅、相位绘制在极坐标上；

c. 波德图。

每一转速下基频的振幅、相位分别绘制到直角坐标系上，分析振幅值与相位的偏移，能发现系统共振频率及临界转速，发现转子不平衡的影响。

⑦其他分析软件，例如：时频分析、小波分析等。

（3）运行状态及数据库管理软件

①特征参数选择、数据压缩、存储；

②数据库建立；

③事故追忆。

42. 在线与离线监测诊断系统的异同点是什么？

（1）监测对象

在线：对某一机组或机组群，在线实时监测诊断；

离线：分散设备，现场测试，离线分析。

（2）系统硬件配置

离线：稍简单。

（3）系统软件配置

在线：需数据库管理、故障特征存储、监测等功能。

离线：不一定配上述功能。

分析：诊断功能相同，目的相同。

43. 应该采用何种单位评定设备振动是否超标？

正确的做法是根据设备转速的高低、瓦振还是轴振测试分别使用位移、速度和加速度来评价设备状态、诊断设备故障。在国际上公认对于常规转速范围振动速度是最佳瓦振评价单位，但是对于轴振测试使用位移来评价。

44. 为什么使用普通的手持简易振动表测试低速的循环水泵时，不管是否有故障存在，振动值总值很小？对于低速机器在测试时应该注意那些方面？

多数情况下普通的手持简易振动表测试频率范围为10～1000Hz，因此用来测试低速的循环水泵是不合理的。例如循环水泵转速为600r/min甚至更低时转速时，10Hz的低频无法可靠的测试到不平衡等故障信号。测试低速机器（低于600r/min，甚至在几十转/分），必须使用专用的低频传感器和低频性能优良的数据采集器。

45. 振动测试能否反映出电机的电气问题？电动机单转正常，和风机或者水泵连接之后振动大是否说明就是风机、水泵有问题？

振动测试能够反映出很多电机的电气问题，因为电气异常会以电磁力的方式反映到振动频谱和波形中。电动机单转正常，和风机或者水泵连接之后振动大不能说明就是风机、水泵有问题。原因是电机空载时电气问题不会表现出来，很可能在带负载之后振动异常。

46. 过程参数，例如功率、真空等，和振动相关吗？应该考虑哪些过程参数的影响？

过程参数，例如功率、真空等，和振动直接相关，是振动故障分析十分重要而又容易被忽视的方面。对于不同的机器应该考虑不同的过程参数的影响：

汽轮机：功率、真空、瓦温、膨胀、油温、油膜压力、励磁电流、轴封压力温度、调速汽门开度等。

风机：挡板开度、流量、是否调速。

水泵：流量、再循环是否开启、是否调速。

电机：功率、三相电流。

齿轮箱：功率。

第四章　滚动轴承故障诊断

1. 滚动轴承故障诊断的主要有哪些方法?

目前对于滚动轴承故障诊断主要有以下的一些方法：

（1）时域分析法

时域分析法是滚动轴承故障诊断技术发展最早的一种方法，在时域诊断中，提取信号特征的主要方法有相关分析和时序分析，普遍采用振动信号的基本数字特征及其概率分布特征进行诊断分析，如均值、有效值、峰值和无量纲因子判别方法等。时域同步平均法是滚动轴承故障诊断最为常用的一种信号增强方法，通过对滚动轴承振动信号进行采样，并对多周期的信号进行同步平均，就可以得到时域同步平均信号。这种方法可以有效降低其他部件和振动源对于信号的影响，提高信噪比。

（2）频域分析法

频域分析方法是将时域波形经过 FFT 变换转换成频谱图，采用振动信号的频谱特征进行诊断分析，如特征频率、幅值、无量纲判别因子等，对滚动轴承的故障可以进行精密诊断。在滚动轴承诊断技术中常用的频谱图有全息谱、幅值谱、相位谱、功率谱等。细化和倒谱技术是频谱分析的常用手段，在对滚动轴承振动信号作频谱分析时必须有足够高的频率分辨率，通常采用细化谱分析技术可以提高分辨率。

（3）时频分析法

采用普通的频谱分析无法同时进行时频分析，找出信号的时域特征。而时频分析法既能够反映时域特征又能够反映频域特征，可以很好的描述滚动轴承故障特征的全貌，常用的时频分析方法有短时傅立叶变换、小波变换、小波包分析等。

（4）智能诊断

计算机人工智能与诊断理论相结合形成了具有信息时代特色的智能诊断。当前滚动轴承诊断领域中最常用的两类人工智能诊断系统是基于知识的专家系统和基于网络的智能诊断系统。

2. 引起滚动轴承故障的主要原因是什么?

滚动轴承在机器上的应用是非常广泛的，同时也是机器上的易损部件，据统计，只有 10% ~20% 的滚动轴承达到了它的设计寿命，约 30% 的旋转机械的故障是由于轴承的损坏所引起的。轴承的缺陷会导致机械设备的剧烈振动和产生强大刺耳的噪音，严重时会引起设备的损坏、生产的停止、甚至严重的机械事故。

引起滚动轴承损坏的原因：转子系统的故障如不平衡、不对中、松动，还有不恰当的使用(安装不好、润滑不良、水分和异物侵入、腐蚀和过载等)。振动分析是诊断滚动轴承最有效的方法。

3. 滚动轴承主要的故障形式有哪些?

滚动轴承的主要故障形式有：

（1）疲劳剥落

滚动轴承工作时，滚道和滚动体表面既承受载荷又相对滚动，由于交变载荷的作用，首先在表面下一定深度处(最大剪应力处)形成裂纹，继而扩展到接触表层产生剥落坑，最后大面积剥落，这种现象就叫做疲劳剥落。正常工作条件下，疲劳剥落是滚动轴承故障的主要原因。

（2）磨损

由于滚道和滚动体的相对运动（包括滚动和滑动）和尘埃异物的侵入等都会引起表面磨损，而当润滑不良时更会加剧表面磨损。磨损的结果使滚动轴承游隙增大，表面粗糙度增加，降低了滚动轴承的运转精度，因而也降低了机器的整体运动精度，振动及噪声也随之增大。此外，当滚动轴承本身不旋转而受到振动时，由于滚动体和滚道接触面间微小的，往复的相对滑动，因而导致微振磨损产生，其结果是在滚道上形成波纹状的磨痕。

（3）塑性变形

在工作负荷过重的情况下，滚动轴承受到过大的冲击载荷或者静载荷，或者因为热变形引起额外的载荷，或者当有高硬度的异物侵入时，都会在滚道表面形成凹痕或者划痕。这将使滚动轴承运转时产生剧烈的振动和噪声。而且，一旦产生上述凹痕，由此所引起的冲击载荷可能还会进一步引起附近表面的剥落。

（4）腐蚀

腐蚀也是滚动轴承的常见故障之一。当水分直接侵入滚动轴承时就会引起滚动轴承腐蚀，另一方面，当滚动轴承停止工作时，滚动轴承温度下降达到零点，空气中的水分凝结成水滴吸附在轴承的表面上也会引起腐蚀。此外，当滚动轴承内部有电流通过时，在滚道和滚动体之间的接触点处，电流通过很薄的油膜引起火花，使表面局部熔融，在表面上形成波纹状的凹凸不平。高精度的滚动轴承往往由于表面腐蚀，丧失精度而不能继续工作。

（5）断裂

当载荷超过滚动轴承或者滚动体的强度极限时会引起滚

动轴承零件的破裂。此外，由于磨削加工、热处理或者装配时引起的残余应力、工作时的热应力过大等也都有可能造成滚动轴承零件的断裂。

（6）胶合

所谓胶合是指一个表面的金属粘附到另一表面的现象。在润滑不良，高速重载的情况下，由于摩擦发热，滚动轴承零件可能在极短的时间内达到很高的温度，从而导致表面损伤及损坏。

（7）保持架损坏

通常，由于装配不当或者使用不当而引起的保持架发生变形，从而就可能增加保持架与滚动体之间的摩擦，甚至使某些滚动体卡死而不能滚动，或保持架与内外滚道发生摩擦等均可引发保持架损坏，这也使振动、噪声与发热增加。

4. 滚动轴承故障诊断的方法有哪些?

滚动轴承故障诊断的方法主要有：

（1）时域有量纲参数诊断法

峰－峰值反映的是某时刻振动的最大值，适用于表面点蚀损伤之类的具有瞬时冲击的故障诊断；有效值反应的是振动的能量；这些指标可以用来迅速判断滚动轴承是处于正常工作状态还是处于异常工作状态。

（2）时域无量纲参数诊断法

波峰因素表示的是峰值和均方根值之比，适用于点蚀情况下的诊断；峭度系数具有与波峰因素类似的变化趋势，它们的共同优点在于与轴承的转速、几何尺寸和载荷无关，适用于点蚀故障诊断。一般经验认为：滚动轴承正常时，波峰因素大约为 3 ~5，峭度大约为 3；轴承出现故障时，波峰因素明显增大，超过 3 ~ 5，并可能达到 10 ~ 15，而峭度同样明显增大，甚至可达到几十；故障严重时，波峰因素再次回到 3 ~ 5，峭度也同样再次回落到 3 附近。

（3）包络解调法

包络解调法（或称共振解调法）可以用来在轴承元件发生故障的初期诊断轴承故障。它利用的是轴承元件的表面损伤类故障激起轴承座、轴承元件或传感器的共振，表现在谱图上，即为高频段的谱峰群，而故障特征频率会调制在这些高频固有频率上。且振动信号的高频段受到的干扰少，信噪比较高，以这些固有频率（载波）为中心进行解调处理，对解调后的信号作频谱分析，就可以准确诊断轴承故障（部位及严重程度）。

5. 在滚动轴承的故障诊断中如何进行分析谱带的选择？

滚动轴承的故障特征在不同频带上都有反映，因此，可以利用不同的频带，采用不同的方法对轴承的故障做出诊断。

（1）低频段

在滚动轴承的故障诊断中，低频率段指 1kHz 以下的频率范围。由于轴承的故障特征频率（通过频率）通常都在 1kHz 以下，此法可直接观察频谱图上相应的特征谱线，做出判断。

（2）中频段

在滚动轴承的故障诊断中，中频段指 1 ~ 20kHz 频率范围。包含有轴承元件表面损伤引起的轴承外圈的固有振动频率等。通过分析这一频带内的振动信号，可以较好地诊断出轴承的损伤类故障。如果测量用的传感器谐振频率较高，那么由于轴承损伤引起的冲击在高频带（20kHz 以上），对此频带分析也可以诊断出轴承的故障。

（3）高频段

在滚动轴承的故障诊断中，高频率段指20～80kHz频率范围。由于轴承故障引起的冲击有很大部分冲击能量分布在高频段，如果采用合适的加速度传感器和固定方式保证传感器较高的谐振频率，利用传感器的谐振或电路的谐振增强所得到衰减振动信号，对故障诊断非常有效。瑞典的冲击脉冲计(SPM)法就是利用这个频段。

6. 在滚动轴承的监测中，如何选择测点？

滚动轴承因故障引起的冲击振动由冲击点以半球面波方式向外传播，通过轴承零件、轴承座传到箱体或机架。由于冲击振动所含的频率很高，每通过零件的界面传递一次，其能量损失约80%。因此，测量点应尽量靠近被测轴承的承载区，应尽量减少中间传递环节，探测点离轴承外圈的距离越近越直接越好。

7. 滚动轴承的简易诊断方法有哪些？

目前，滚动轴承的简易诊断有以下七种方法：

（1）振幅值诊断法：振幅值指峰值、均值以及均方根值(有效值)。峰值反映的是某时刻振幅的最大值，因而它适用于像表面点蚀损伤之类的具有瞬时冲击的故障诊断。另外，对于转速较低的情况(如300r/min以下)，也常采用峰值进行诊断。

均值用于诊断的效果与峰值基本一样，其优点是检测值较峰值稳定，但一般用于转速较高的情况(如300r/min以上)。均方根值是对时间平均的，因而它适用于像磨损之类的振幅值随时间缓慢变化的故障诊断。

（2）波形因数诊断法：波形因数定义为峰值与均值之

比。当峰值与均值之比值过大时，表明滚动轴承可能有点蚀；而峰值与均值之比小时，则有可能发生了磨损。

（3）波峰因数诊断法：波峰因数定义为峰值与均方根值之比。

该值用于滚动轴承简易诊断的优点在于它不受轴承尺寸、转速及载荷的影响。适用于点蚀类故障的诊断。通过对峰值与均方根值之比值随时间变化趋势的监测，可以有效地对滚动轴承故障进行早期预报，并能反映故障的发展变化趋势。

当滚动轴承无故障时，峰值与均方根值之比为一较小的稳定值；一旦轴承出现了损伤，则会产生冲击信号，振动峰值明显增大，但此时均方根值尚无明显的增大，故峰值与均方根值之比增大；当故障不断扩展，峰值逐步达到极限值后，均方根值则开始增大，峰值与均方根值之比逐步减小，直至恢复到无故障时的大小。

（4）概率密度诊断法：无故障滚动轴承振幅的概率密度曲线是典型的正态分布曲线；而一旦出现故障，则概率密度曲线可能出现偏斜或分散的现象。

（5）峭度系数诊断法：峭度(Kurtosis) β：无故障轴承，峭度值 $K_v \approx 3$；如果出现故障，峭度值 K_v 先增大，后减小。峭度系数对于诊断轴承的点蚀等冲击类故障，灵敏性好。

（6）滚动轴承的冲击脉冲诊断法(SPM 法)：总的冲击能量 dB_{sv} 与初始冲击能量 dB_i 之差称为标准冲击能量(背景分贝) dBN，$dBN = dB_{sv} - dB_i$。冲击脉冲值与轴承寿命的关系见图 4－1。

（7）滚动轴承共振解调诊断法：美国波音公司提出的一项技术，称为早期故障探测法(Incipient Failure Detection)。

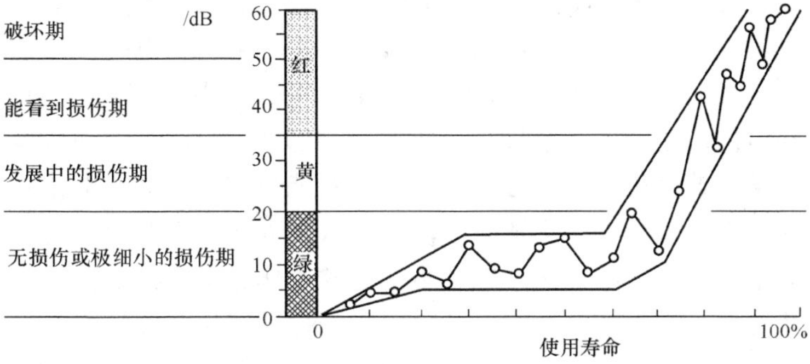

图 4－1　冲击脉冲值与轴承寿命的关系

轴承故障引起的冲击脉冲经传感器拾取及电路谐振，得到放大的高频衰减振动，再经包络检波得到的波形，相当于将故障引起的脉冲加以放大和拓宽，并且摒除了其余的机械干扰，最后作频谱分析可以得到与故障冲击周期 T 相对应的频率成分 f 及其高次谐波。据此，可以用于滚动轴承故障及故障部位的诊断。

8. 为什么电机的滚动轴承已经严重损坏，而瓦振位移或者速度值仍然很小？应该采用什么方法来早期发现滚动轴承的损坏？

通常电动机的壳体非常坚固厚重，所以其滚动轴承损坏造成的常规振动位移和速度值增长很小。对于电动机的滚动轴承应该采用冲击脉冲、共振解调等测试技术来测试和早期发现滚动轴承的故障信号。

9. 什么是冲击脉冲？

两个物体相互碰撞会产生一定能量的震动，这种震动不是呈连续状态而是以压力波的形式传递并呈脉冲状态，这种由于接触面上的物体发生碰撞而产生的震动为冲击脉冲。

10. 冲击脉冲值与滚动轴承状态的关系是什么？

滚动轴承的滚动体与滚道表面并不是绝对光滑的，在轴承转动时，“粗糙”的表面使两者之间的润滑油产生波动，并对外滚道产生能量较小但频率较高的冲击；同时滚动体滚过某一缺陷位置时则会产生一个相对能量较大，但频率较低的冲击，这种冲击会随着滚动体或滚道表面产生的缺陷而明显增大。冲击脉冲法可在轴承的正常工作过程中测定轴承的状况而不受机械的原始设计、大小、振动或噪声的影响，用此方法制作的仪器在测试时能排除机器和轴承本身的振动影响，直接判断轴承的状态和寿命。并能早期发现和识别滚动轴承因制造不良、装配不良、润滑不良及使用中旋转面产生伤痕等与轴承寿命有关的异常原因、劣化程度和发展趋势。

11. 冲击脉冲对轴承寿命的定义是什么？冲击脉冲评定参数的含义是什么？

（1）滚动轴承的寿命

滚动轴承的寿命是以同一批型号的轴承，在相同运转条件下90%的轴承不发生破坏前的转数（以10^6转为单位）或工作小时数作为轴承的寿命，并把这个寿命叫做额定寿命。而冲击脉冲对轴承寿命的定义为，一只完好的新轴承有一个初始冲击震动值，当冲击震动值达到初始冲击震动值的1000倍左右时，就认为该轴承已经达到使用寿命的终点。用分贝（dB）表示时，轴承寿命终点的冲击震动值为60dB，即：

$$20\lg 1000/1 = 60(\mathrm{dB})$$

（2）几个状态评定参数的含义

dB_{sv}：冲击脉冲值的绝对分贝，是用来衡量冲击脉冲能量强度的绝对值。

dB_i：冲击脉冲值的背景分贝，即滚动轴承初始值。其数值大小取决于滚动轴承内径大小和转速的大小。

dB_n：冲击脉冲值的标准分贝。用来评定滚动轴承工作状态的标准。$dB_n = dB_{sv} - dB_i$

dB_m：最大分贝，它的定义是时间窗口中最强的脉冲，表示滚动轴承元件损坏的最大程度。

dB_c：地毯分贝。其数值为每秒产生 200 个冲击脉冲信号的最高读数。表示滚动轴承的润滑状态。一个工作状态良好的滚动轴承，地毯值低于 $10dB_n$。dB_c 总是小于 dB_m。

dB_m、dB_c 读数是相对读数，不是绝对分贝 dB_{sv}，而是标准分贝 dB_n。

HR：高频冲击值，其数值为每秒产生 1000 个冲击脉冲信号时的数值。相当于最小值，但不是最小值。

LR：低频冲击值，其数值为每秒产生 40 个冲击脉冲信号时的平均数值。相当于最大值，但不是最大值。

HR、LR 读数是绝对分贝 dB_{sv}。

第五章　齿轮箱故障诊断

1. 齿轮有哪些失效形式？

齿轮的失效形式主要有齿的断裂，齿面疲劳，齿面磨损，齿面划痕，其他故障如塑性变形、化学腐蚀、异物嵌入等。

(1) 齿的断裂

齿轮副在啮合传递运动时，主动轮的作用力和从动轮的反作用力都通过接触点分别作用在对方轮齿上，最危险的情况是接触点某一瞬间位于轮齿的齿顶部，此时轮齿如同一个悬臂梁，受载后齿根处产生的弯曲应力为最大，若因突然过载或冲击过载，很容易在齿根处产生过载荷断裂。即使不存在冲击过载的受力工况，当轮齿重复受载后，由于应力集中现象，也易产生疲劳裂纹，并逐步扩展，致使轮齿在齿根处产生疲劳断裂。另外，淬火裂纹、磨削裂纹和严重磨损后齿厚过分减薄时在轮齿的任意部位都可能产生断裂。轮齿的断裂是齿轮的最严重的故障，常因此造成设备停机。

(2) 齿面磨损或划痕

①粘着磨损　在低速、重载、高温、齿面粗糙度差、供油不足或油黏度太低等情况下，油膜易被破坏而发生粘着磨损。润滑油的黏度高，有利于防止粘着磨损的发生。

②磨粒磨损与划痕　含有杂质颗粒以及在开式齿轮传动中的外来砂粒或在摩擦过程中产生的金属磨屑，都可以产生磨粒磨损与划痕。一般齿顶、齿根处摩擦较节圆部严重，这

是因为齿轮啮合过程中节圆处为滚动接触，而齿顶、齿根为滑动接触。

③腐蚀磨损　由于润滑油中的一些化学物质如酸、碱或水等污染物与齿面发生化学反应造成金属的腐蚀而导致齿面损伤。

④烧伤　烧伤是由于过载、超速或不充分的润滑引起的过分摩擦所产生的局部区域过热，这种温度升高足以引起变色和过时效，会使钢的几微米厚表面层重新淬火，出现白层。损伤的表面容易产生疲劳裂纹。

⑤齿面胶合

大功率软齿面或高速重载的齿轮传动，当润滑条件不良时易产生齿面胶合(咬焊)破坏，即一齿面上的部分材料胶合到另一齿面上而在此齿面上留下坑穴，在后续的啮合传动中，这部分胶合上的多余材料很容易造成其他齿面的擦伤沟痕，形成恶性循环。

(3) 齿面疲劳(点蚀、剥落)

所谓齿面疲劳主要包括齿面点蚀与剥落。造成点蚀的原因，主要是由于工作表面的交变应力引起的微观疲劳裂纹，润滑油进入裂纹后，由于啮合过程可能先封闭入口然后挤压，微观疲劳裂纹内的润滑油在高压下使裂纹扩展，结果小块金属从齿面上脱落，留下一个小坑，形成点蚀。如果表面的疲劳裂纹扩展得较深、较远或一系列小坑由于坑间材料失效而连接起来，造成大面积或大块金属脱落，这种现象则称为剥落。剥落与严重点蚀只有程度上的区别而无本质上的不同。实验表明，在闭式齿轮传动中点蚀是最普遍的破坏形式。在开式齿轮传动中，由于润滑不够充分以及进入污物的可能性增多，磨粒磨损总是先于点蚀破坏。

(4) 齿面塑性变形

软齿面齿轮传递载荷过大(或在大冲击载荷下)时，易产生齿面塑性变形。在齿面间过大的摩擦力作用下，齿面接触应力会超过材料的抗剪强度，齿面材料进入塑性状态，造成齿面金属的塑性流动，使主动轮节圆附近齿面形成凹沟，从动轮节圆附近齿面形成凸棱，从而破坏了正确的齿形。有时可在某些类型的齿轮的从动齿面上出现“飞边”，严重时挤出的金属充满顶隙，引起剧烈振动，甚至发生断裂。

2. 什么是齿轮的啮合频率?

齿轮传动系统的啮合振动是不可避免的。振动的频率就是啮合频率。也就是齿轮的特征频率，其计算公式如下:

齿轮一阶啮合频率 $GMF = (n/60) \times z$

啮合频率的高次谐波 $GMF_i = i \times GMF$ $i = 2$、3、4、$\cdots n$

式中 n——齿轮轴的转速，r/min;

z——齿轮的齿数。

3. 齿轮振动的特征频率边频带是如何产生的?

由于传递的扭矩随着啮合而改变，该扭矩作用到转轴上，使转轴发生扭振。由于在转轴上存在键槽等非均布结构，使得轴的各向刚度不同，因此，刚度变动的周期与轴的周转时间一致，激发的扭振振幅也就按转轴的转动频率变动。

这个扭振对齿轮的啮合振动产生了调制作用，从而在齿轮啮合频率的两边产生出以轴频为间隔的边频带。

边频带也是齿轮振动的特征频率，啮合的异常状况反映到边频带，造成边频带的分布和形态都发生改变。可以说:边频带包含了齿轮故障的丰富信息。

此外齿轮制造时所具有的：偏心误差、周节误差、齿形误差、装配误差等都能影响齿轮的振动。所以在监测低精度齿轮的振动时，要考虑这些误差的影响。

从故障诊断的实用方面来看，只要齿轮的振动异常超标，就是有故障，就需要处理或更换。所以大多数情况下，并不需要辨别是哪种误差所引起，只需判定能否继续使用。

4. 齿轮的故障分析方法有哪些？

（1）功率谱分析法

功率谱分析可确定齿轮振动信号的频率构成和振动能量在各频率成分上的分布，是一种重要的频域分析方法。

幅值谱也能进行类似的分析，但由于功率谱是幅值的平方关系，所以功率谱比幅值谱更能突出啮合频率及其谐波等线状谱成分而减少了随机振动信号引起的一些“毛刺”现象。应用功率谱分析时，频率轴横坐标可采取线性坐标或对数坐标．对数坐标(恒百分比带宽)适合故障概括的检测和预报，对噪声的分析与人耳的响应接近；但对于齿轮系统由于有较多的边频成分，采用线性坐标(恒带宽)会更有效。

（2）边频带分析法

边频带成分包含有丰富的齿轮故障信息，要提取边频带信息，在频谱分析时必须有足够高的频率分辨率。当边频带谱线的间隔小于频率分辨率时，或谱线间隔不均匀，都阻碍边频带的分析，必要时应对感兴趣的频段进行频率细化分析(ZOOM 分析)，以准确测定边频带间隔。

边频带出现的机理是齿轮啮合频率的振动受到了齿轮旋转频率的调制而产生，边频带的形状和分布包含了丰富的齿面状况信息。一般从两方面进行边频带分析，一是利用边频带的频率对称性，找出 $f_z \pm nf_r$（$n = 1$、2、3…）的频率关系，确定是否为一组边频带。如果是边频带，则可知道啮合频率 f_Z 和调制信号频率 f_r。二是比较各次测量中边频带幅值的变化趋势。

根据边频带呈现的形式和间隔，有可能得到以下信息：①当边频间隔为旋转频率 f_r 时，可能为齿轮偏心、齿距的缓慢的周期变化及载荷的周期波动等缺陷存在，齿轮每旋转一周，这些缺陷就重复作用一次，即这些缺陷的重复频率与该齿轮的旋转频率相一致。旋转频率 f_r 指示出问题齿轮所在的轴。②齿轮的点蚀等分布故障会在频谱上形成类似的边频带，但其边频阶数少而集中在啮合频率及其谐频的两侧。③齿轮的剥落、齿根裂纹及部分断齿等局部故障会产生特有的瞬态冲击调制，在啮合频率其及谐频两侧产生一系列边带。其特点是边带阶数多而谱线分散，由于高阶边频的互相叠加而使边频族形状各异。严重的局部故障还会使旋转频率 f_r 及其谐波成分增高。

（3）倒频谱分析法

对于同时有数对齿轮啮合的齿轮箱振动频谱图，由于每对齿轮啮合时都将产生边频带，几个边频带交叉分布在一起，仅进行频率细化分析识别边频特征是不够的；由于倒频谱处理算法将功率谱图中的谐波族变换为倒频谱图中的单根谱线，其位置代表功率谱中相应谐波族（边频带）的频率间隔时间（倒频谱的横坐标表示的是时间间隔，即周期时间），因此可解决上述问题。

倒频谱的另一个主要优点是对于传感器的测点位置或信号传输途径不敏感以及对于幅值和频率调制的相位关系不敏感。这种不敏感，反而有利于监测故障信号的有无，而不看重某测点振幅的大小（可能由于传输途径而被过分放大）。

5. **齿轮磨损故障的频谱特征是什么?**

齿磨损的关键指示是激起齿的自然频率(F_n)和在此齿轮自然频率两侧伴有磨损的齿的转速频率边带。当齿磨损明显时,虽然边带的幅值高并且在齿轮啮合频率(GMF)两侧出现的边带数增多,但是齿轮啮合频率(GMF)的幅值可能变化也可能不变化。边带是比齿轮啮合频率(GMF)本身更好的齿磨损的指示。而且,虽然齿轮啮合频率的幅值是可以接受的,但是 $2 \times GMF$ 或 $3 \times GMF$(尤其是 $3 \times GMF$)的幅值经常很高。

6. **齿轮偏心和齿隙游移故障的频谱特征是什么?**

在齿轮啮合频率(GMF)两侧十分高的边带幅值往往说明齿轮偏心,齿隙游移或两根齿轮轴不平行,这样使一个齿轮的转速“调制”齿轮啮合频率(GMF)的幅值或另一个齿轮的转速。边带频率的间隔指示哪个齿轮有故障。如果齿轮偏心是占优势的故障,则偏心的齿轮的 1×转速频率的幅值通常较高。不适当的齿隙游移通常要激起齿轮啮合频率(GMF)的谐波频率和齿轮的自振频率。而且,它们都伴有 1×转速频率的边带。如果齿隙游移是故障,则随着负载增大,齿轮啮合频率(GMF)的幅值常常随负载增大而减小。

7. **齿轮不对中故障的频谱特征是什么?**

齿轮不对中几乎总是激起第二阶或高阶齿轮啮合频率(GMF)谐波频率,并且它们都伴有转速边带。往往只显示小的齿轮啮合频率(GMF)的幅值,但是 $2 \times GMF$ 或 $3 \times GMF$ 的幅值较高。设定足以采集至少 $3 \times GMF$ 谐波频率的 F_{max} 最高频率范围很重要。而且,$2 \times GMF$ 两侧常伴有 2×转速频率边带。请注意,由于齿不对中,齿轮啮合频率(GMF)及其谐波频率的左侧和右侧的边带频率的幅值不等,引起不均匀磨损。

8. 齿轮断裂故障的频谱特征是什么？

齿断或齿裂仅在时域波形中产生这个齿的1×转速频率的大幅值，另外，它激起齿轮自然频率（F_n），并伴有断的或裂的齿的齿轮的转速边带。在时域波形中最好检测，断的齿或裂的齿每次试图与跟它匹配的齿轮的齿相啮合时，都出现一个明显的尖峰。两次冲击之间的时间将相应于断的或裂的齿的齿轮转速的倒数（1/转速）。时域中冲击尖峰的幅值往往比FFT谱中的1×转速频率的幅值高10～20倍。

9. 齿轮故障与轴承故障的差异是什么？

（1）齿的断裂或裂纹故障。

每当轮齿进入啮合时就产生一个冲击信号，这种冲击可激起齿轮系统的一阶或几阶自振频率。但是，齿轮固有频率一般都为高频（约在1～10kHz范围内），这种高频成分传递到齿轮箱时已被大幅度衰减，多数情况下只能在齿轮箱上测到啮合频率和调制的边频带。其边频带的形状与分布与前期的正常状态相比，存在明显的变化。

（2）轴承故障。

如果仅有齿轮啮合频率的振幅迅速升高，而边频的分布和振幅并无变化，则表明是轴承故障。

第六章　振动标准

1．振动标准是如何分类的？

振动标准从使用者的角度可以分为两类，即运行管理标准和制造厂出厂标准。两者的内容和规格不同，通常后者比前者严格；两者的目的也不一样，前者用于评定设备的健康状况（即对设备进行分级），对设备的故障进行诊断，确定设备的维修计划等，而后者是用来控制设备的质量、性能以及可靠性等。

从故障诊断的角度还可以将振动标准划分为绝对标准和相对标准两种。绝对标准是指判断设备状态的振动绝对数值；相对标准是指设备自身振值变化率的允许值。绝对标准是在规定了正确的测量方法之后制定的标准，所以在应用时必须注意标准适用的频率范围和测定方法。

2．什么是振动的相对标准？

相对标准是振动标准在故障诊断中的典型应用，特别适用于尚无适用的绝对标准的设备。其应用方法是对设备的同一部位的振动进行定期检测，以设备正常情况下的值为原始值，根据实测值与原始值的比值是否超过标准来判断设备的状态。

标准值的确定根据频率的不同分为低频（小于1000Hz）和高频（大于1000Hz）两段，低频段的依据主要是经验值和人的感觉，而高频段主要是考虑了零件结构的疲劳强度。

典型的相对标准有日本工业界广泛采用的相对标准，见

表 6 - 1。

表 6 - 1　日本工业界推荐相对标准

	低频(小于 1000Hz)	高频(大于 1000Hz)
注意区	1.5 ~2 倍	3 倍
异常区	4 倍	6 倍

3. 什么是振动的绝对标准?

评定旋转机械振动优劣的标准经历了轴承振动振幅、转轴振动振幅以及轴承振动烈度的发展过程。过去大多用轴承振动振幅值作为制定标准的基础，它的缺点是不能反映转轴的振动状态，且未考虑不同轴承以及同一轴承不同方向上振动的不等效性。对环境危害的不等效性、以及不同频率振动分量的不等效性。随着测量技术的发展，以转轴振动幅为基础的振动标准和以轴承振动烈度为基础的振动标准得到了广泛应用。

4. 旋转设备的振动判断标准有哪几种?

目前，大型旋转机械振动评定尺度主要有轴承座振动位移、轴承座振动烈度和轴径向位移三种。

(1) 轴承座振动。轴承座振动，又称为轴承振动或瓦振，它是以轴承座垂直、水平和轴向三个方向中的最大振动为评定依据，振动位移和振动烈度是轴承座振动监测所主要采用的两个尺度。

(2) 转轴振动标准。轴承座振动并不能完全反映转轴在轴瓦内的振动(轴振)。轴承振动和轴振的比值与轴承支承刚度有关。激振力一定时，支承刚度越大，轴承座振动越小，轴振越大。即使在不大的轴承振动下，转轴仍有可能存在较大的相对振动。转轴振动过大，可能使轴承乌金疲劳损坏并导致动、静部件碰磨。振动评定标准中应充分考虑该因素。为弥补轴承振动不能全面反映转轴振动的不足，大型旋转机械应考虑以转轴振动作为机组振动状态评定标准的尺度。

5. 旋转机械特定机种专用标准是指什么?

旋转机械特定机种主要指离心鼓风机、压缩机、蒸汽涡轮机、燃气涡轮机、汽轮发电机组、水轮机和水轮发电机组以及电动机和泵等。国际标准化组织(ISO)、国际电工委员会(IEC)、各主要工业国家及我国的国家标准化组织、商业组织、技术学会等都制定了很多专用振动标准。其中，电动机和泵的振动标准是以振动烈度表示的，其余特定机种的振动标准，大多以轴承、转轴振动位移双幅值表示。用振动位移值来评定机械振动水平时，是按照转速的高低来规定允许的振幅大小。转速低，允许的振幅大；转速高，允许的振幅小。这是因为当同样振幅时，对于高速的旋转机械将会带来较大的危害。

第七章　往复式压缩机的监测及故障诊断

1. 往复机械诊断的主要难点是什么？

（1）繁多的频率范围及宽广的激励力的识别；

（2）运动部件多、形状复杂，且运动件包在机身里面，工作状态下难以接近；

（3）在往复机的不同部件中，激励力的传递及对表面振动的作用难以识别；

（4）当运动部件出现机械故障时，相应的激励力的变化难以识别，相应的信号难以获取；

（5）各运动部件的相互干扰不易区别；

（6）敏感点的选择及盘据的确定。

2. 往复式压缩机的常见故障有哪些？

（1）气缸内异响的原因：

①活塞与连杆连接；

②活塞环损坏，气缸、活塞磨损；

③活塞与气缸盖余隙太小；

④气缸内掉入异物；

⑤十字头、活塞杆断裂。

（2）曲轴箱内异常振动及撞击声：

①十字头销与瓦间隙不当，过小易烧瓦、过大则撞击增大；

②十字头销滑板的固定螺栓松动；

③十字头销滑板与机体滑道间隙过大；

④十字头销螺栓松动；

⑤曲轴瓦螺栓松动或折断；

⑥曲轴瓦与轴径间隙不当；

⑦曲轴瓦平衡块松动。

(3) 换气阀振动异常：

①阀片折断；

②弹簧松弛、折断；

③阀座安装不正，压盖螺栓松动；

④阀座阀盖断裂；

⑤阀室内积水。

(4) 排气压力过高或过低。

(5) 气缸发热，排气温度过高。

3. 往复机械状态监测及故障诊断需监测的参数有哪些？

(1) 压力——监测进、排气，冷却水、油等工作状态；

(2) 温度——监测进、排气，冷却水、油主要摩擦副的工作状态；

(3) 流量——测瞬时值、累计值；

(4) 主电机输入功率；

(5) 泄漏——监测填料、气阀、活塞环等工作状态；

(6) 振动——监测电机、气缸、曲轴箱、机组、轴承的状态。

第八章　润滑油监测分析

1. 什么是润滑监测？其意义是什么？

据统计，三分之二以上的设备故障都与润滑、冷却有关。油液监测是通过定期检测设备中的在用润滑剂、冷却液，来早期预报和矫正油液劣化、油液污染、异常磨损、结垢和腐蚀。油液监测是设备状态监测和故障诊断的重要手段，是视情维修、预知维修的基础。

进行润滑监测可以早期预报与润滑、磨损相关的故障及其严重程度，减少非计划停机和重大故障；根据设备的实际状况决定维修，避免不必要的维修和油液更换；发现并消除故障的根本原因，延长零部件、润滑剂和冷却液的使用寿命；可以监测结果为线索易于确定故障点和故障原因，缩短维修时间；增加维修的可预测性，便于生产安排、配件管理和资金调度。

2. 润滑油分析一般有哪几个步骤？

在设备的维护中，整个油样分析工作通常按采样、检测、诊断、预测、处理五个步骤进行。

采样是指从润滑系统中采集能正确反映被监测的机器零部件运行状态的油样样品，通常应在机器运转过程中或在停车后不久进行，因为这时润滑油还保持正常的工作温度，磨屑与润滑油混合状态较好。在采样过程中必须严防外界污物进入油样。采样周期的确定应考虑设备的重要程度、零部件的负荷特性、距上次大修的时间等因素。对于可能有初期致命缺陷的设备要经常取样。如设备运转时间较长、油样监测已开始发现异常，则应及时调整取样周期、加强监视。

检测的基本内容包括对油样中磨屑的粒度大小、表面形态等进行观察以及对其数量、成分、粒度分布等进行测定。这步工作类似于医学中的血液化验。

诊断则是根据油样检测结果判断机器的磨损状态是否正常，对异常磨损还要确定发生异常磨损的零部件以及磨损的类型。例如：根据磨屑成分（铁、铜、铝等）变化，可判断发生异常磨损的零部件；根据油样磨屑的浓度和粒度，可判断磨损的严重程度；根据磨屑的大小和表面形态，可判断磨损的类型、原因等等。

预测是指根据目前磨损状况，预测机器零部件的剩余寿命和今后可能发生的磨损类型。预测通常要将当前油样检测结果与以前一段时间内各次检测结果连贯起来进行分析。以时间为顺序的各项检测指标各次检测结果组成的各条曲线，从不同方面表征了过去至当前磨损的发展过程，据此运用有关预测规律，或参照被监测设备过去的维护经验（或对同类设备的维护经验）、或参照国内外相应的研究结果，往往会较直观方便地得到较满意的定性预测结果。一般地，当这些曲线中的一条或几条同时开始发生变化时，应加强监视；当曲线发生显著变化时，表明异常开始出现；当曲线陡度发生剧烈变化，则预示着故障即将发生。

处理是根据预测的结果确定维修的部位、方式和时间。目前常用的润滑油样分析方法主要有光谱分析法、铁谱分析法。

3. 为什么润滑油分析法也是旋转设备故障诊断中的一个重要手段？

润滑油分析法是对机组在用润滑油的油液本身及油中微小颗粒所进行的理化分析。通过对润滑油的黏度、闪点、酸值、破乳化度、水分、机械杂质、液相锈蚀试验、抗氧化安全性等各种主要性能指标的检验分析，不仅可以掌握润滑油本身的性能信息，而且也可以了解到机组轴承、密封的工作状况。尤其是对油液中不溶物质，主要是微小固体颗粒所进行的铁谱分析、光谱分析、颗粒计数，可以识别油液中所含各种颗粒的化学成分及其浓度、形貌、尺寸，从而对润滑、特别是轴承合金、轴颈、浮环、机械密封的动静环、油封及油档等摩擦副的磨损状态进行科学的分析与诊断。因此润滑油分析法也是大型旋转机械故障诊断中的一个重要方法。

4. 什么是润滑油光谱分析法？

光谱分析法对磨屑粒度的灵敏范围一般小于 10μm，灵敏度、准确性和稳定性都较好，尤其适用于用有色金属制造的零部件的磨损分析。(例如，柴油机主轴瓦及连杆轴瓦的材料为钢背网状铝锡合金，它以锡－铝共晶软化相的形式存在。通过油样磨屑成分测定可知，润滑油中微量的锡和铝来自主轴瓦和连杆轴瓦的磨损；镁来自球墨铸铁曲轴轴颈的磨损；铜和锌来自连杆小头锡青铜衬套的磨损等等。这样就可以根据磨屑成分定性地判断出哪些零件发生了磨损。此外，它还可以根据各种磨屑成分含量的多少，定量地判断出各零件磨损地程度。) 缺点是不能给出磨屑的形貌细节，从采样到分析结果滞后时间较长。光谱分析有原子发射光谱分析和红外光谱分析两种方式，原子发射光谱用于分析油品中的金属元素浓度，而红外光谱主要用于分析油品的分子组成。在油品检测中，常用的是发射光谱。原子发射光谱对于尺寸小于 10μm 的金属颗粒具有良好的敏感性，这也是它被用于油品分析的主要原因。

（1）原子发射光谱分析法

利用物质受电能或热能激发后发射出的特性光谱的性质来判断物质组成的方法称为发射光谱法或电火花法。不同物质的原子受激后所放出的光辐射都具有与该元素相对应的特征波长，利用这个原理制成的各类发射光谱仪，采用各种激发源使被分析物质的原子处于激发态，再经分光系统将受激后的辐射线按频率分开，通过对特征谱线强度的测定，可以判断某种元素是否存在以及它的浓度。

（2）原子吸收光谱分析法

亦称火焰法。其基本原理是，将润滑油中的磨屑热解原子化，根据原子蒸气对各种不同波长的单色锐线光源发出的特征辐射线吸收作用的不同来确定磨屑中各种元素的含量。

5. 什么是铁谱分析技术？

在各种机械设备中，由于金属表面间的相对运动使摩擦副表面不断产生大量的磨削碎片和微粒，即磨损颗粒。对于有润滑油的摩擦副，磨损颗粒会进入润滑油中，其数量、尺寸、外貌、成分等却反映了不同的磨损方式和磨损过程，这些为分析诊断机械设备的运行状态提供了依据。

铁谱技术是 20 世纪 70 年代出现的一种磨损颗粒分析新技术。它利用高梯度磁场的作用将机器摩擦副中产生的磨损颗粒从润滑油液中分离出来，并使其按照尺寸大小依次沉积在一显微基片上而制成铁谱片，然后置于铁谱显微镜或扫描电子显微镜下进行观察；或者按照尺寸大小依次沉积在一玻璃管内，通过光学方法进行定量检测，以获得摩擦副磨损过程的各类信息，从而分析机器的磨损机理和判断磨损的状态。铁谱技术是一项技术性较高、涉及面较广的磨损分析与状态监测技术。

6. 铁谱技术对磨粒的识别与分析主要有几种方式?

铁谱技术对磨粒的识别与分析主要分为定性分析和定量分析两种方式。定性铁谱分析主要是从对磨粒形态特征、颜色、尺寸大小和差异程度以及材质成分组成的分析，来判断机器零部件的磨损类型、部位、严重程度及磨损机理。定量铁谱分析是借助确定不同尺寸磨粒的相对含量，定量地给出机件的磨损速度估计。

7. 铁谱技术的主要工作流程包括几个方面?

(1) 油液的取样及处理;

(2) 分离磨粒，制备铁谱片;

(3) 磨粒的检测、识别与分析;

(4) 提出分析结论及报告。

8. 实现铁谱技术的基本设备主要有哪些?

目前，实现铁谱技术的基本设备和工具主要有各种类型的铁谱仪、铁谱显微镜、扫描电子显微镜、计算机及磨粒图谱集等。

9. 铁谱技术分析机器磨损状态的工作内容是什么?

目前，应用铁谱技术来分析机器的磨损状态，主要是从以下四方面来进行的:

(1) 根据主要磨粒的形成、颜色和尺寸等特征来判定机器(及有关零部件)所处的磨损阶段以及相应阶段发生的磨损类别(如疲劳、剥落、腐蚀等)及其磨损的程度;

(2) 根据磨损量(即磨损曲线)对机器的磨损进度进行量的判断;

（3）根据磨损严重性，确定机器磨损的剧烈程度；

（4）根据磨粒的材质成分来判断机器磨损的具体部位及磨损零件。

10. 铁谱技术的特点是什么？

（1）具有较宽的磨粒尺寸检测范围和较高的检测效率；

（2）能同时进行磨粒的定性检测和定量分析；

（3）能够准确监测机器中一些不正常磨损的轻微症兆，具有磨损故障早期诊断的效果。表8－1列出了各种分析方法对磨粒尺寸的敏感范围。

表8－1 各种分析方法对磨粒尺寸的敏感范围

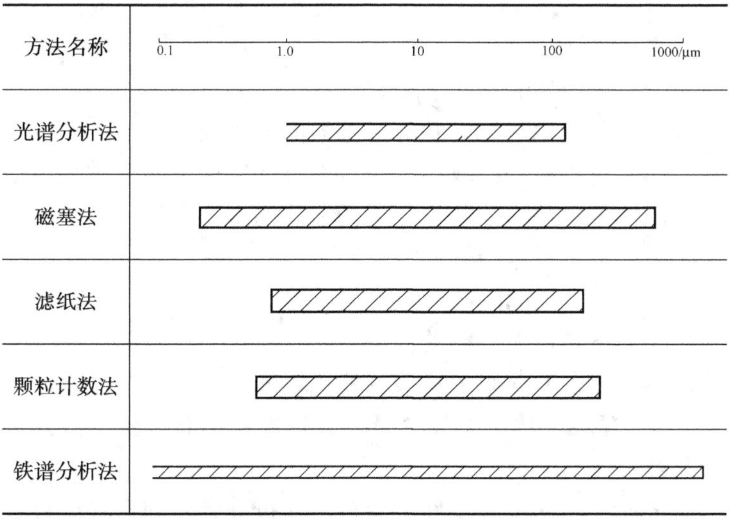

11. 铁谱分析技术的缺点是什么？

（1）对润滑油中非铁系颗粒的检测能力较低，故在对如柴油机这种含有多种材质摩擦副的设备进行故障断时，往往感到有所欠缺；

（2）作为一门新兴技术，铁谱分析的规范化不够，分析结果对操作人员的经验有较大的依赖性，若缺乏经验，往往会造成误诊或漏诊。

12. 什么是润滑油铁谱的定性分析？

铁谱定性分析是使用铁谱显微镜对铁谱片上沉淀的颗粒进行形状、尺寸大小、形貌和成分的分析，建立磨损状态类型与磨损颗粒形态的相互关系，判别摩擦副的磨损程度以确定失效情况和磨损部位。

13. 进行润滑油分析样品取样的基本原则是什么？

样品取样的基本规则是：

（1）在设备处于正常运行工况和环境时取样，或停机后立即取样；

（2）从均匀的油液区域取样；

（3）在摩擦副的下游和过滤器的上游取样；

（4）在放油口或取样器经过充分冲洗后再收集样品；

（5）每次在同一位置、采用相同的方法取样；

（6）使用干净的样品瓶；

（7）按适当的间隔周期取样；

（8）不要在大量补油后取样；

（9）记录取样时的油液的使用时间。

14. 根据不同的金属零件，磨损颗粒按其产生的方式可分几类？

根据不同的金属零件，磨损颗粒按其产生的方式可分以下几类。

（1）钢铁磨损颗粒

钢或合金组成的摩擦副在运动中产生的颗粒，按其磨损情况、颗粒尺寸和形貌分为三大类，即摩擦磨损颗粒、切削磨损颗粒、滚动疲劳磨损颗粒。

（2）轴承合金磨屑

由于轴承合金没有磁性，因此，在铁谱片上不按磁场方向排列，以不规则方式沉淀，大多数偏离铁磁性颗粒链，或处在相邻两链之间，它们的尺寸沿谱片的分布与铁磁性颗粒从大到小有序排列有着明显的区别。

①铜合金。铜合金有特殊的红黄色，因而易于识别它们。一些金属颗粒的回火色容易与铜合金颗粒相混淆，然而铁颗粒具有磁性，可与铜区分开来(铁颗粒在磁力链上)。

②铅、锡合金。在铁谱片上经常可以看到许多游离的铅、锡合金磨屑，由于这类合金具有良好的塑性，故它们的形成机理是擦伤后的辗片而不是剥落。在铁谱上看到铅、锡合金磨屑往往已被氧化。

（3）铁的氧化物

铁的氧化物可大致分为红色和黑色两种。铁谱片上出现红色氧化物，表明润滑系统中有水分存在，红色氧化物是铁和氧在常温下反应的最终生成物。如果铁谱片上出现黑色氧化物，说明系统润滑不良，在磨屑生成过程中曾出现过高热阶段。

（4）润滑剂的变质产物和摩擦聚合物

①腐蚀磨屑；

②摩擦聚合物。由于润滑剂在临界接触区受到超高的应力作用而产生的。

③二硫化钼。二硫化钼是一种有效的固体润滑剂。

（5）污染颗粒

新油中也会存在少量的颗粒，而对使用过程中混入的污染、尘埃、煤尘、石棉屑、过滤器材料等，应根据实际情况具体加以识别。

15. 什么是铁谱的定量分析？其理论依据是什么？

铁谱技术的定量分析是用一个或几个参数值来描述设备磨损特征和磨损状态的方法。

磨损颗粒的最大尺寸与磨损方式有关，如果测量出或计算出铁谱片上大颗粒的尺寸以及它们在颗粒总数中所占的比例，就可以推断抽取油样时机器所处的磨损方式和程度，这是定量铁谱的第一个理论依据。第二，机械的磨损率是磨损工况的重要指标，机械磨损率的改变，必然导致润滑油中磨屑生成和沉积的平衡浓度改变，因此可以把铁谱片上磨屑的总数作为定量铁谱分析的另一个指标。

16. 什么是密度计法？

铁谱技术的定量分析最简单的方法是密度计法，光密度计是用光敏元件测定铁谱片上光亮度的仪器。铁谱片上的光亮度就与透光面积成正比，即与磨屑的覆盖面积成正比，那么用光亮度值就可以推算铁谱片上磨屑量的多少。若设清洁的玻璃谱片上的光亮度为 I_o（此时磨屑覆盖面积为0），带有磨屑沉积的谱片光亮度为 I_p，那么此时磨屑沉积的光密度 D_i 定义为：

$$D_i = \lg(I_o/I_p) = \lg[A_o/(A_o - A_p)]$$

式中　A_o——铁谱显微镜上光密度孔径面积；

A_p——光密度孔径被颗粒遮盖的面积。

17. 什么是磨损烈度指数？

为了从数量上表征磨损变化程度和磨损速率，引入了磨损烈度指数 I_o

$$I_o = (D_l + D_s)(D_l - D_s) = D_l^2 - D_s^2$$

总磨损：$D_l + D_s$ 磨损度：$D_l - D_s$

累计总磨损：$\sum(D_l+D_s)$累计磨损度：$\sum(D_l-D_s)$

D_l代表大颗粒的光密度，D_s代表小颗粒的光密度。

（1）分别以D_l、D_s和I_o为纵坐标，以运转时间为横坐标划出曲线，根据曲线急剧上升情况来判断磨损的状态。

（2）分别以$\sum(D_l+D_s)$和$\sum(D_l-D_s)$为纵坐标，以运转时间为横坐标画出曲线，根据曲线突然互相靠近的一点作为磨损严重程度的特征。

（3）以累积值$\sum D_l$作为取样时间函数，绘成曲线。如果读数增加，所得曲线的斜率也增加，则表明异常磨损的开始。

18. 齿轮传动按运动寿命可分为几个磨损阶段？如何识别不同的磨损阶段和类型？

齿轮传动按运动寿命可分为磨合磨损、正常磨损和异常磨损（非正常磨损）三个阶段。异常磨损又可进一步分为过载、过速和疲劳三种类型。每个阶段和每种类型均会产生特定的特征磨粒，因此可从磨粒的尺寸、尺寸分布、数量、成分和形貌等方面识别不同的磨损阶段和类型。

（1）磨合磨损

齿轮磨合过程是机加工表面向光滑表面转化的过程。带有加工划痕表面的磨合，会产生细长的游离金属磨粒，通常磨粒的长宽比约为5:1。磨粒的实际尺寸和厚度取决于轮齿表面的粗糙度，即加工划痕的几何形状。磨合磨损与正常磨损相比，磨粒数量大约多2倍，且大磨粒与小磨粒的数量比较高。

（2）正常磨损

大量的齿轮正常磨损磨粒是薄片状的游离金属磨粒，通常长宽比为2:1，长度与厚度比为10:1。磨粒的尺寸范围在长度方向低于 15μm，而大部分在 2μm 以下。

（3）疲劳磨损

齿轮疲劳剥落磨损的磨粒是表面光滑的片状游离金属磨粒，其长宽比约为 6:1，长度与厚度之比约为 5:1。磨粒的尺寸范围在长度方向可达 150μm。大于 15μm 的大磨粒主要落在 15～25μm 的范围内。大磨粒与小磨粒（<2μm）的数量比很高，约为 1:50 或更高。磨粒的总量大约是正常磨损时的 3～5 倍。

（4）过载磨损

低速齿轮的过载磨损磨粒是片状的游离金属磨粒，其长度与厚度比约为10:1。磨粒尺寸范围在长度方向可达 1mm，初始过载时产生 150μm 或稍小的磨粒。大磨粒与小磨粒的数量比随载荷增加而加大，磨粒总量大大高于正常磨损，磨粒表面常显出滑动的擦痕。

（5）过速磨损

过速会造成轮齿的擦伤或胶合，产生的磨粒是游离的金属片粒，带有一些表面氧化的迹象。长度与厚度比约为 10:1，磨粒的尺寸范围为 150μm 下，大磨粒与小磨粒的数量比较低，为 1:500 或更低，磨粒的总量比正常磨损时大。

19. 如何利用铁谱监测滚动轴承和滑动轴承的磨损？

轴承是各类机器中的重要支承零件，它的失效或损坏将直接影响机器工作的可靠性。当轴承接近疲劳时，球形磨粒的大量出现以及总磨损 $I_G = (A_l + A_s)$ 和磨损度指数 $I_A = (A_l^2 - A_s^2)$ 值的突然增大，可视为轴承疲劳剥落的先兆。

第九章 以可靠性为中心的维修(RCM)

1. 传统的维护和维修策略经历了几个发展阶段?

传统的维护和维修策略经历了被动维修、定期维修、预防性维修、主动维修等不同的发展阶段,在减少设备故障、降低维护成本等方面取得了很大的进展。但传统的检验维修规程是基于以往的经验及保守的安全考虑,对经济性、安全性以及可能存在的失效关键性等的有机结合考虑不够,检维修的频率和效力与所维护设备的关键性高低不相称,有限的检维修资源使用不尽合理,同时存在检维修过度和检维修不足的问题,维护行为存在一定的盲目性和经验性。即使是主动维修仍然存在维护过度(或不足)、成本高、维护策略主要依靠主观和经验等缺点。

2. 什么是以可靠性为中心的维修(RCM)?

确定任何资产在运行条件下的维护需求的过程。从小的方面讲,以可靠性为中心的维修(RCM)是一种方法或过程,用来确定必须完成哪些作业才能确保某种有形资产或系统能够继续完成使用者所需的各种功能。目的是建立一个优化的维修策略。从大的方面讲,以可靠性为中心的维修是一种维修的理念,一种维修的管理模式。

RCM 理论于 20 世纪 60 年代起源于美国的波音公司。它以研究设备的可靠性规律为基础,发展到 20 世纪 90 年代趋于成熟,并在航空、军工、电力、石化等行业获得广泛应用。目前比较通行的 RCM 分析方法包括：用于航空工业的经典的 RCM、用于石化、电力行业的精练的 RCM（SRCM）以及以 John Moubray 创立的 RCM Ⅱ。这些方法本质上并无区别，只是具体分析范围、深度、指标要求等各有特点。

3. 为什么说 RCM 技术可以有效地提高装置的运行可靠性并降低维修成本？

（1）RCM 制定的是可靠性优化的维护/维修策略。

通过系统分析设备的失效模式、影响以及失效原因，制定可靠性优化的、有效针对失效原因的维护维修策略与任务；

完整和系统性地评估装置中系统、设备和失效模式的关键性等级，识别出关键项目，采取适当措施，以提高装置运行可靠性、降低失效后果；

识别和改进与设备可靠性相关的问题，如：设计的变化、程序的变化、潜在的隐藏失效，重大的图纸错误等。

（2）通过以下方面，RCM 可提高装置使用的可靠性，为装置长周期运行打下基础：

识别出设备失效的原因，采取有针对性维修任务，从而避免隐藏的失效、减少非计划停工；

针对失效的原因制定维修任务，可以减少设备故障的发生；

根据失效后果、关键性和频率来确定设备维护/维修任务以及任务周期，可有效降低维护费用。

4. RCM 理论的七个基本要素是什么？

美国汽车工程师学会（SAE）于 1999 年发布“对以可靠性为中心的维修（RCM）方法的评价准则（SAEJA1011）”。该评价准则规定完整 RCM 分析应包含以下七个步骤：

(1) 在目前的使用状况和条件下，该设备(资产)的功能和相关的性能标准有哪些(功能)?

(2) 不能满足其功能的表现形式有哪些(功能失效)?

(3) 每一种功能失效有哪些原因(失效或故障原因)?

(4) 当每一种失效发生时会出现什么现象(失效现象)?

(5) 每一种失效(故障)所产生的后果以什么形式表现(失效的后果)?

(6) 为了预测或预防每一种失效的发生应该做什么(预防性的有效作业和作业的间隔期)?

(7) 如果不能找到合适的预防性有效作业应该做什么(默认行动)?

此标准所提出的是准则，可供各种方法与之作比较。如果该方法与准则相符，便可确信无疑地将它叫做“RCM 方法”，如果与准则不符，就不应叫做“RCM 方法”。

5. RCM 分析中资产的功能及其性能标准是什么?

资产的功能分为以下两大类：

(1) 主要功能(primary functions)。是购置该项资产的主要目的，该类功能包括：速度、输出、承运或存储能力、产品质量和客户服务；

(2) 次要功能(secondary functions)。对每种资产的期望值不仅仅只是用于完成上述主要功能。还包括安全、控制、密封度、舒适度、结构的完整性、经济性、防护、运行效率、符合环保法规要求、甚至还包括资产的外观等。

RCM 分析流程的第一步就是确定运行环境中每一种资产的功能，以及相关的性能标准。若一切顺利，这一步骤所用时间通常占到整个 RCM 分析流程的 1/3。在石化行业所用的 RCM 的分析中，由于单一设备功能比较清楚，但具体构成比较复杂，因此我们更侧重于设备的基本构成分析。

6. 什么是功能失效?

首先，确认什么样的情形等于是故障状态。在 RCM 研究领域，故障状态被称为功能失效(Functional Failure)，因为该故障/失效使得资产不能达到用户所能接受的、能满足绩效标准的功能。除了功能的完全失效，功能失效还包括部分失效，即资产仍然在工作，但是性能指标不能达到要求，包括资产不能维持可接受的质量或精确度要求。很显然，只有当资产的功能和性能标准被定义清楚之后，功能失效才能够被定义清楚。

7. 功能失效的原因有哪些?

传统的故障模式列表中仅仅包括由于变质、退化或正常的磨损导致的失效，但是，还应包括人为因素(运行人员或维护人员造成的)以及设计缺陷，从而对所有合理可能的设备故障原因进行确认和适当的处理。足够详细地确认每一种故障的原因十分重要，保证努力不会被花费在治表上，而是花在治本上。但是，同样重要的是，在 RCM 分析上过于详细深入同样也是浪费时间。

对于设备资产的故障模式的认识，是随着设备的日益复杂和多样性而变化的。传统上认为：大部分部件首先稳定运行一段时间，然后开始出问题。早期的简单设备往往呈现这种情况。到了 20 世纪 60 和 70 年代，设备变得较为复杂，运行初期，由于部件之间需要磨合，容易发生故障，随后进入稳定运行阶段，寿期最后又容易发生故障，这就是典型的“浴盆曲线”。进入 20 世纪 80 年代之后，由于电子信息技术的广泛应用，设备构成更加复杂和多样化，因此设备的故障/失效曲线呈六种情况分布，即①“浴盆曲线；②故障率恒定或逐渐增大，最后是耗损区；③故障率缓慢增加，没有明显的耗损工龄区，可能原因为疲劳；④新或刚出厂时故障率低，以后迅速增加到一个较稳定的水平；⑤整个寿命期内故障稳定，随机故障，难以进行状态监测；⑥起始时早期损坏率较高，以后故障率逐渐下降到一个稳定的水平上，其早期故障原因是制造、安装、调试不当。据国外的统计，从上至下六种情况发生的概率分别为：①4%，②2%，③5%，④7%，⑤14%，⑥68%。

8. 什么是故障影响？

故障影响(Failure Effects)描述的是每一种故障发生后所产生的影响。这些描述包含所有以下用于支持故障后果评价的信息：

(1) 能够用于证明故障已经发生的证据；

(2) 影响安全与环境的方式；

(3) 影响生产和运行的方式；

(4) 故障引起的物理损坏；

(5) 要修复故障必须采取的措施。

确认功能、功能故障、故障模式、故障影响的过程特别有助于提高性能、保障安全和消除浪费。

9. RCM 分析中故障后果有几类？

RCM 将故障后果分为以下四类：

(1) 潜在后果(Hidden failure consequences)

指对企业/机构没有直接明显后果、但存在潜在的严重、经常是灾难性的后果(大多与没有失效安全机制的保护装置有关)。

(2) 安全和环境后果(Safety and environmental consequences)

指导致人员受伤或死亡的故障后果、或导致达不到环境要求标准的故障后果；

(3) 运行后果(Operational consequences)

指对生产运行有影响的故障后果(产量降低、产品质量下降、客户服务变差、或除去直接维修成本之外的成本增加)

(4) 非运行后果(Non - operational consequences)

指不对安全和环境产生影响，只是导致直接维修成本的增加。

RCM 认为，故障的后果比故障本身的技术特性更为重要。认为进行预防性维护的本质上并不是为了避免故障本身，而是为了避免、至少降低故障所产生的后果。

RCM 流程使用上述后果分类作为维护管理决策战略框架的基础。通过将每种故障模式的后果按上述分类标准去归类，从而将维护功能的运行、环境和安全目标集成起来。后果评价过程启示我们，没有必要必须预防所有的故障。维护工作的重点放在那些对企业绩效负面后果最大的可能故障上。通过分析，促使我们思考管理故障的不同方法，而不是单纯地预防故障的发生。

10. 如何预测或预防每一个故障?

故障管理策略分为两类:

(1) 主动(Proactive)维护

主动维护在故障发生之前进行，从而防止设备进入失效状态。主动维护分为计划修复、计划更换、计划状态检修，前两者综合起来就是传统上所谓的预防性(Preventive)维护；计划状态检修包括预测性(Predictive)维护、基于状态的维护(Condition - Based Maintenance)和状态监测(Condition Monitoring)。

（2）被动(default)维护

用于处理已失效状态，之所以选择被动维护往往是因为不可能确认一种有效的主动维护方案。被动维护包括故障发现(failure – finding)，重新设计(redesign)和故障检修(run – to – failure)。

11. 如果找不到一个合适的主动维护措施，该采取什么被动维护措施?

RCM 提供了一个简单、精确和易于理解的准则，用于确定在运行条件下哪种主动维护措施是技术可行的，如果技术上可行，那么再确定多长时间周期、由谁去做。主动维护措施是否技术可行，取决于维护措施以及所要预防的故障的技术特性。是否值得采取主动维护措施取决于对故障后果和经济性的权衡。如果不能找到和确认技术可行又值得去做的主动维护措施，那么就要采取被动的维护措施。

对于潜在故障，如果采取主动维护措施能够将故障关键性降低到一个可接受的水平，那么就采取主动维护措施；否则的话，就要计划实施故障发现(failure – finding)措施；如果没有合适的故障发现措施，那么就要采取另外的被动维护措施，如重新设计(re – design)。

对于有安全与环境后果的故障，只有当故障关键性确实能被完全消除或降低到一个很低的水平时，才能采取主动维护措施；否则必须重新设计(re – design)，对部件或流程重新进行设计更改。

对于有运行后果的故障，只有当采取主动维护措施的成本低于同期内故障后果成本与事后维护成本的总和时，才有必要采取主动维护措施。否则的话，首选非计划检修；如果运行后果的发生是不可接受的，则选择重新设计(re－design)。

对于有非运行后果的故障，只有当主动维护的成本低于同期内的事后修理成本时，才有必要采取主动维护措施。否则的话，首选非计划检修；如果事后修理成本太高，则采用重新设计(re－design)的方法。总之，RCM理论强调采取维护措施时考虑故障后果，并且要比较不同维护措施的成本。

12. 实施RCM分析的主要工作步骤有哪些?

(1) 项目开工会；

(2) 数据收集、评审；

(3) 筛选分析及工艺访谈；

(4) 制定失效可接受准则；

(5) 失效模式影响及关键性分析；

(6) 制定和优化维护策略与任务；

(7) 提交最终报告

13. 项目开工会要完成哪些工作?

项目开工会议要对RCM项目工作的开展进行动员，介绍RCM分析方法、分析内容与过程，初步确定了项目成员与项目工作计划安排。同时收集装置工艺流程图、管道仪表图、装置设计资料、设备资料等。

14. 进行RCM分析需要收集哪些数据资料?

需要收集以下数据资料：

(1) 装置工艺说明；

(2) 工艺流程图(PFD)；

(3) 管道和仪表图(PID)；

(4) 泵、压缩机、气轮机、风机等设备手册；

(5) 装置联锁图；

（6）设备操作规程；

（7）岗位操作法；

（8）主要设备历史失效与维修记录。

15. 通常RCM分析从几个方面着手明确具体分析对象？

通常RCM项目从两个方面着手明确具体分析对象，①通过对装置进行系统和设备划分，确定纳入分析的系统与设备清单，即所谓RCM分析设备层次的确定；②通过对系统与设备进行筛选分析，筛选出低风险或非关键系统与设备，对其中中高风险的关键系统与设备进行详细RCM分析。

16. 筛选分析及工艺访谈的目的是什么？

筛选分析的目的是识别出那些对装置风险/关键性等级具有重大贡献的系统以及筛选出非关键性系统与设备，从而确保进一步的数据采集及评估可以针对关键系统与设备进行。

通过工艺的访谈及讨论，首先定出系统与设备的边界；筛选分析是在系统与设备层面上识别关键性的定性方法，并同时考虑到包含在具体系统中的主要设备。筛选是由一个GMRI、SKF的RCM专家引导，相关的工艺、机械、电器和仪表、操作、检验和维护、安全等专业的工程师参加。

在筛选分析之前，对所采用的筛选方法和简单筛选矩阵进行培训。然后根据类似装置的失效历史、退化机理和所含的危险介质以及设计基础资料等，分别对失效频率和失效后果进行“高”或“低”的评价。

对于中高关键性系统，在设备层面上继续采用定性的方法进行判定。主要按照一个大修周期内发生失效的可能性，以及安全、环境、生产损失、维修成本四个方面的后果，在 2×2 的矩阵上进行。只有那些故障发生的可能性低，且后果也不严重的设备才能作为低关键性设备被筛选出去。

17. 筛选分析的过程是什么？

在筛选开始前，要依据装置工艺流程对装置进行系统划分，并确定各系统功能，然后进行筛选分析。在筛选分析过程中，应同时了解系统的构成、设备的基本型式、工作状况、失效可能后果，并予以记录。使用 RCM 软件可帮助筛选分析的进行，并记录从筛选会议中获取的所有相关信息。

首先进行系统筛选，识别出那些对整个装置的影响最关键的系统，并列出非关键性的系统。如果分析对象为一个工厂或更大范围，系统的筛选显得尤为重要，众多非关键系统可不需要进行详细分析。对于筛选出的低风险或非关键系统与设备不做详细的 RCM 分析，减少后续工作量。只有失效可能性低，同时失效影响很小的设备才可能作为非关键设备不纳入详细的 RCM 分析过程，其维修策略基本为“坏后修理”，但该类设备不能省略其日常维护任务与设备运行状态巡检。对 RCM 筛选出的中、高关键性的设备，则进行详细的 RCM 分析——失效模式与后果影响分析和关键性评估。

18. 详细的 RCM 分析主要是指哪些内容？

详细的 RCM 分析针对筛选出的中高关键性的设备，进行详细和量化的失效模式影响分析和关键性评估，并在此基础上制定优化的维护策略与任务，保持或提高系统和设备的运行可靠性。

19. 什么是关键性分析？

RCM要求对中高关键性设备的每一种功能失效的失效模式进行关键性分析，确定其关键性大小。关键性定义为失效频率和失效后果的乘积。

关键性=失效频率×失效后果

对每一种功能失效模式，首先确定其失效频率，失效频率以每一失效的平均故障间隔时间(MTBF)为准，如果没有确切的失效频率数据，可以按频率范围确定，同时通过讨论失效影响确定失效后果，据此确定每一失效的关键性。主要评估以下几个方面的关键性：安全关键性、环境关键性、生产经济关键性、维修成本关键性。

所有关键性的计算结果都在FMEA讨论会上得到确认。对中高关键性的失效模式分析其失效原因和失效根本原因，建立针对性地降低失效原因发生的维护策略。对低关键性的项目也确定相应的维护策略。在RCM分析中，强调没有必要对所有设备进行详细的分析，维护的重点应该放在关键设备的关键失效上，因此，在RCM分析中，必须对设备与失效作关键性分析，关键性等级依据失效后果与失效的可能性确定。

20. 什么是失效模式影响分析？

RCM分析层次的另一层含义指的是失效模式、失效原因的分析层次。通常，设备的失效模式是系统的失效原因；同理，部件的失效模式是设备的失效原因，装置划分层次少，分析对象包含内容较多，则必须增加失效模式与原因的分析层次，才能确定最终失效原因，制定合理的维修策略与任务。

失效模式影响分析即常说的 FMEA，主要研究设备存在的失效模式，每一种失效模式可能产生的后果，本项目在失效模式与影响分析中引入了失效关键性分析，目的是评估失效关键性等级，对高关键性失效尽可能制定相关维修策略，以降低其失效发生的频率或后果。在失效模式的基础上确定失效影响，必须考虑失效对设备局部以及对系统整体的影响。失效影响要考虑到设备的冗余、维修的时间和重新投入使用的时间，以及如果失效/故障发生对生产、安全、环境的影响。并且要确定该失效/故障的类型，如失效是隐藏的还是可见的等。

失效模式/影响的分析结果应通过 FMEA 会议获得现场人员的确认。

21. RCM 分析中如何进行维护策略与任务的制定?

在完成 FMEA 和关键性分析后，详细分析的下一步是制定基于可靠性的维护策略与任务。按照 RCM 分析方法，维修策略的制定包含两个方面的内容，其一是依据不同的后果及关键性等级，在失效模式的层面上，选择不同的维修策略；对于有严重安全或环境后果的失效以及造成维修成本增加很多的失效，必须采取预防性维修策略，其目的是为了防止失效发生，如果现有预防性维修策略不能阻止这类失效发生，则必须更改设计；而对于仅有生产损失的失效，则可比较损失与采取预防性维修策略所需费用，决定维修策略类型。其二是分析不同失效模式下的失效原因，针对不同的失效原因和失效根本原因来安排具体的维护任务，每一项失效原因都应有对应的维修任务。同时必须分析失效原因的类型，如隐性的还是显性的、可监控的还是不可监控的、单一的还是关联的等等。